普通高等教育艺术设计类新形态教材
宋立民　总主编

定制家具设计与制作

CUSTOMIZED FURNITURE DESIGN AND PRODUCTION

张仲凤　李素瑕　**主　编**
向　娟　沈华杰　**副主编**

中国轻工业出版社

图书在版编目（CIP）数据

定制家具设计与制作 / 张仲凤，李素瑕主编；向娟，沈华杰副主编. --北京：中国轻工业出版社，2024.10.
ISBN 978-7-5184-5031-2

Ⅰ．TS664.01；TS666.2

中国国家版本馆CIP数据核字第20247RQ806号

责任编辑：李　争

文字编辑：王　玙　　责任终审：许春英　　设计制作：锋尚设计
策划编辑：王　淳　　责任校对：朱　慧　朱燕春　　责任监印：张京华

出版发行：中国轻工业出版社（北京鲁谷东街5号，邮编：100040）

印　　刷：天津裕同印刷有限公司

经　　销：各地新华书店

版　　次：2024年10月第1版第1次印刷

开　　本：870×1140　1/16　印张：9

字　　数：300千字

书　　号：ISBN 978-7-5184-5031-2　定价：62.00元

邮购电话：010-85119873

发行电话：010-85119832　010-85119912

网　　址：http://www.chlip.com.cn

Email：club@chlip.com.cn

版权所有　侵权必究

如发现图书残缺请与我社邮购联系调换

240571J1X101ZBW

习近平总书记在党的二十大报告中，提出了一系列关于教育的新观点、新思想、新要求，特别指出："教育、科技、人才是全面建设社会主义现代化国家的基础性、战略性支撑。必须坚持科技是第一生产力、人才是第一资源、创新是第一动力，深入实施科教兴国战略、人才强国战略、创新驱动发展战略，开辟发展新领域新赛道，不断塑造发展新动能新优势。"

定制家具设计与制作涵盖面广，对环境设计、家具设计人才培养具有重要的意义。定制家具具有较强的科技含量，对设计人才的培养有较高的要求，需要有创新精神，要对传统家具设计中的认知不足进行改进；对现有的家具设计模式不断更新，在设计过程中不断地注入科技创新活力。在培养定制家具设计人才时，要提出新的设计观念，让设计来推动社会发展，真正形成新动能、新优势。

定制家具是集设计、生产、安装、售后服务于一体的现代家具解决方案，定制建立在大规模生产基础之上，根据消费者的个性化要求来制造专属家具。目前，我国的定制家具设计与制作已逐渐进入成熟稳定状态，定制家具作为新型的消费观念，也逐渐被公众所接受，并逐渐成为现代环境设计、装饰装修行业的发展风向标。定制家具利用专业化、自动化的设备，不断完善、更新产品生产工艺，并强化产品质量，使其具备实用性同时还具备美观性，这也使得定制家具受到越来越多消费者青睐。定制家具的以下几大优势，使其有望成为未来家具的主流：

1. 符合现代生活审美。随着消费者生活品位的提高，讲究家具实用性能的同时，也要兼顾艺术审美价值。定制家具个性突出，在生产过程中追求与消费者深度沟通，充分满足消费者的生活习惯和审美要求。定制加工设备能轻松对板材表面进行雕花、模压处理，形成丰富多变的风格纹理，这是传统木工现场制作家具所无法达到的。

2. 简化装修流程。传统装修周期长，严重影响了消费者的工作和生活；需要购买的材料太多，消费者因为缺乏了解很容易作出错误的选择。定制家具能大大简化装修流程，设计施工一体化让消费者享受家具生产的整体性优势，大多数定制家具上门安装时间为2~3天，节约了大量现场施工时间，降低了企业的运营管理成本。

3. 提升环保新高度。传统

木工现场制作家具已经非常成熟，唯独板材封边技术得不到提高，现场制作工艺只能采用凹型扣条来遮挡板材的裁切面，无法全方位封闭裁切面，导致甲醛等有害物质从板材中释放出来。定制家具构造的裁切面全部为机械热压封边，贴合度高，外形美观，无凸出构造，方便使用。

本书涵盖面较广、可读性较高，阅读本书不仅能够强化定制家具制作人员的专业水平，同时也能提升定制销售人员的核心竞争力。全书共分为7章，每章均配置章节导读、重点概念等文前信息，开启了我国定制家具产业的全新模式，对满足消费者个性需求、提高生产效率与工艺水平、减少库存积压、降低营销成本有着积极的作用。对传统家具生产进行了革命化创新。从消费需求分析到下单，从组织生产到配送上门安装等各个环节紧密相连，详细介绍了定制产品的材料选用、制作工艺，特别注重设计研发过程，将设计图纸与生产定制融为一体。定制是未来家具全新的发展方向，希望本书能得到广大读者、市场的认可。

本书在编写过程中得到了武汉行轩筑美科技传媒有限公司的大力支持，在此表示感谢。由于时间仓促，内容或有不足和疏漏，敬请广大读者批评指正。

编者
2024 年 4 月

第1章 定制家具运营基础

1.1 市场与销售前景 001
1.2 市场运营流程 005
1.3 定制家具的消费群体及其要求 009
1.4 从业人员配置 010
课后练习 011

第2章 定制家具的预算与成本

2.1 定制家具概预决算 012
2.2 定制家具门店报价 017
2.3 定制家具成本核算 021
2.4 定制家具合同签订 022
课后练习 025

第3章 定制家具软件应用

3.1 设计软件介绍 026
3.2 设计软件应用 031
3.3 定制家具设计拆单 042
课后练习 044

第4章 定制家具材料与配件

4.1 主体板材 045
4.2 门板材料 051

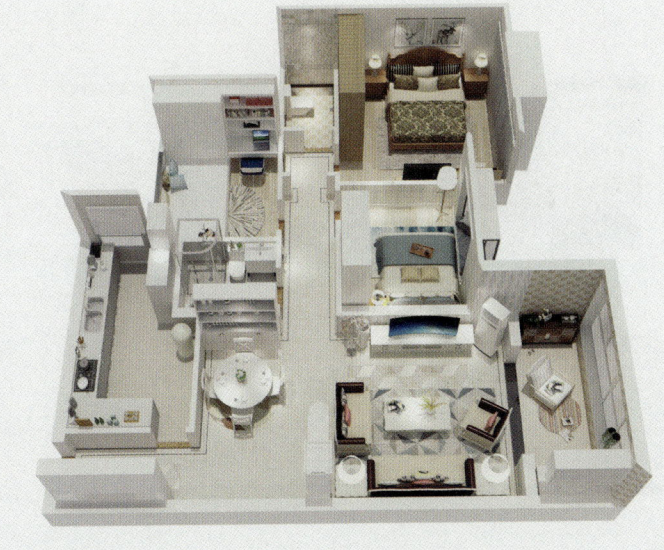

4.3 饰面材料...................054
4.4 装饰线条...................057
4.5 五金配件...................060
课后练习......................065

第5章　定制家具制作工艺

5.1 常用制作设备...............066
5.2 柜体制作工艺...............073
5.3 门板制作工艺...............079
5.4 饰面制作工艺...............082
5.5 规模化生产.................085
5.6 预装拆解流程...............087
5.7 包装与运输.................090
课后练习......................092

第6章　定制家具安装方法

6.1 熟悉常用安装设备...........093
6.2 定制家具安装流程...........098
6.3 清查构件...................104
6.4 成品五金件安装.............106
6.5 成功验收与交付使用.........108
6.6 书柜安装实例解析...........109
6.7 衣柜安装实例解析...........117
课后练习......................122

第7章　定制家具保养维修

7.1 台面保养...................123
7.2 构造保养技巧...............128
7.3 五金件保养要点.............129
7.4 维修改造方法...............131
课后练习......................137

参考文献......................138

第1章 定制家具运营基础

学习目标：了解定制家具基础知识与行业发展前景，熟悉消费者对定制家具的需求，掌握定制家具产业模式。
学习难度：★☆☆☆☆
重点概念：运营市场、发展前景、运营流程、消费群体、从业人员

章节导读

定制家具融合形式与功能两大优势，全方位满足公众对个性化的需求。整体衣柜、步入式衣帽间、嵌入式衣柜、书柜、酒柜、鞋柜、电视柜、橱柜、集成吊顶、墙板、楼梯等各类家具，皆属于定制家具的范畴。这种量身定制的家具模式，旨在为公众带来与众不同的生活体验，有望在未来赢得更多人的青睐（图1-1）。

图1-1 定制家具门店

图1-1：目前定制家具门店品牌种类较多，定制家具以其与众不同的品质和独具匠心的设计理念，吸引了无数追求高品质生活的消费者。定制家具秉持着"打造理想家具"的宗旨，将个性化与实用性完美融合，致力于提供一站式家具解决方案。

1.1 市场与销售前景

1.1.1 定制家具优劣势

定制家具是根据客户需求和空间大小，量身定制的家具。它具有独特性、专属性、艺术性、时尚性等特点，能够充分展现出消费者的个性和品味。

定制家具在环境设计领域具有明显优势，是现

代环境空间装修的理想选择。它不仅满足了消费者对个性化生活的追求，还能带来高品质的生活体验。目前，定制家具领域也存在专业人才少、行业标准不完善等问题。

1. 定制家具优势

定制家具能满足消费者的个性化需求，最大化利用室内空间，提供一站式服务；同时减少积压库存并加速资金周转，降低营销成本、提升销量。带动消费、加速产品研发，提高盈利与投资回报率。完善家具产业配套设施，让定制家具具有品牌效应。

2. 定制家具劣势

定制家具的入行门槛比较低，导致从业人员素质参差不齐。家具产品品种多、规格复杂，数据化与信息化不全面，设备利用率不高，没有完善的行业标准等。

> **补充要点**
>
> **定制的运营渠道模式**
>
> 定制主要有直营店、专卖店、联营店这几种运营渠道，直营店的店面人员属于品牌厂家；专卖店的店面人员则由经销商管理，厂家只负责供货、培训等服务；联营店则是由经销商出资，由厂家进行管理。

1.1.2 定制家具发展前景

1. 市场调研

充分了解定制家具的市场状况，能够帮助从业人员更好地进行定制家具的生产工作（表1-1）。

表1-1　　　　　　　　　　定制家具市场调研问卷

您好，本次调查不用于商业用途，非常感谢您能在百忙之中抽出宝贵的时间参与调查，我们会对您的隐私保密，所以请您放心答题。	
1. 您的性别？ □男　□女	2. 您的年龄？ □20~25岁　□26~35岁　□36~45岁 □46~60岁　□60岁以上
3. 您的家庭属性？ □单身　□订婚　□已婚未育　□已婚且有小孩	4. 您的家庭月收入为多少？ □0.5万元以下　□0.5~1万元　□1~1.5万元 □1.5~3万元　□3万元以上
5. 您了解定制家具吗？ □不了解　□听说过　□非常了解	6. 您能接受什么价位的定制家具？ □500~1000元/m²　□1000~1500元/m² □1500~2000元/m²　□≥2000元/m²
7. 您更喜欢成品家具还是定制家具？ □成品家具　□定制家具　□视情况而定	8. 您通过何种途径了解到定制家具？ □电视广告　□传单　□朋友介绍
9. 您喜欢哪种装修风格？ □现代简约风格　□地中海风格　□田园风格 □北欧风格　□简欧风格　□工业风格　□混搭风格 □日式风格　□极简风格　□乡村风格　□中式风格	10. 您了解哪些定制的材料？ □实木板　□颗粒板　□密度板　□多层夹板 □生态板　□禾香板　□刨花板　□纤维板
11. 您认为评价定制家具质量好坏的标准是什么？ □材料品质　□做工的细节　□精致程度 □外形的美观性　□使用的舒适性　□使用的合理性 □良好的售前售后服务　□其他	12. 您会因为什么原因而选择定制家具？ □价格　□有个性　□充分利用空间 □装饰效果好　□满足个人习惯　□其他
非常感谢您对我们此次调研的配合！您所回答的信息对我们今后的工作非常有价值！再次感谢您的配合，谢谢！	

通过调研问卷，可了解到喜欢定制家具的公众所占的比例，这也是分析定制家具发展前景的重要参考资料（图1-2~图1-4）。

2. 行业竞争格局

随着互联网的全面发展，线上消费已经成为公众的新宠，这种消费方式以其简洁、便捷的特点赢得了广泛的认可。为了适应这一消费趋势，我国的一些定制企业已经开始在自有网站上开展线上营销活动，并结合线下的实体店，实施双向营销策略，这种模式在定制销售市场的扩张中发挥了积极作用。

定制家具作为一种极具个性化的产品，与客户的互动性显得尤为重要，因此，尽管线上营销的重要性日益凸显，但线下实体店的作用依然不可忽视。近年来，国内一批定制企业逐渐走入公众的视线，通过分析这些企业的营收增长率和竞争优势，可以清晰地看到定制行业在未来有着广阔的发展空间（图1-5）。

3. 影响定制家具发展的因素

定制家具未来的前景与其在市场上的应用率密切相关。应用率越高，意味着定制企业能够获得更多的利润，市场发展的空间也更大，因此其发展前景自然也就更加光明（图1-6、图1-7）。

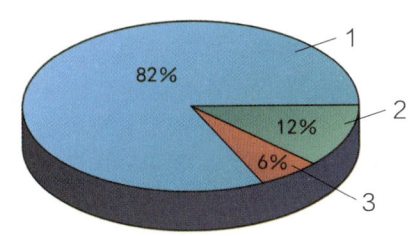

图1-2　用户选择比例
1—全屋定制　2—成品家具　3—其他

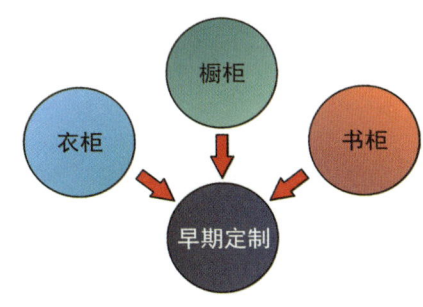

图1-3　早期定制

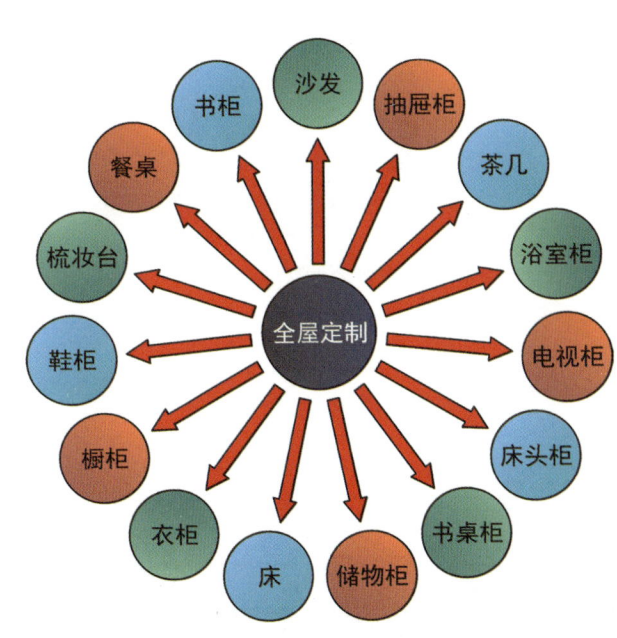

图1-4　定制家具产品门类

图1-2：经过问卷调查，约有82%的用户选择全屋定制；约有12%的用户选择成品家具；约有6%的用户选择其他，这包括传统现场制作家具、便携式家具、租赁家具等。

图1-3：定制家具起初品类有限，因涉及的材料种类繁多，主要以橱柜为主。随着时间推移，定制范围逐渐扩大至衣柜与书柜，各类家具内部结构也日臻完善，增添了诸如五金件等精细构件。

图1-4：定制家具已经克服了复杂材料搭配难的问题，能够在定制家具中轻松集合多种型材，解决材料不匹配的工艺难题。这种技术使得家具设计师们能够更加自由地发挥他们的创造力，为客户打造出更为个性化的独特的空间。

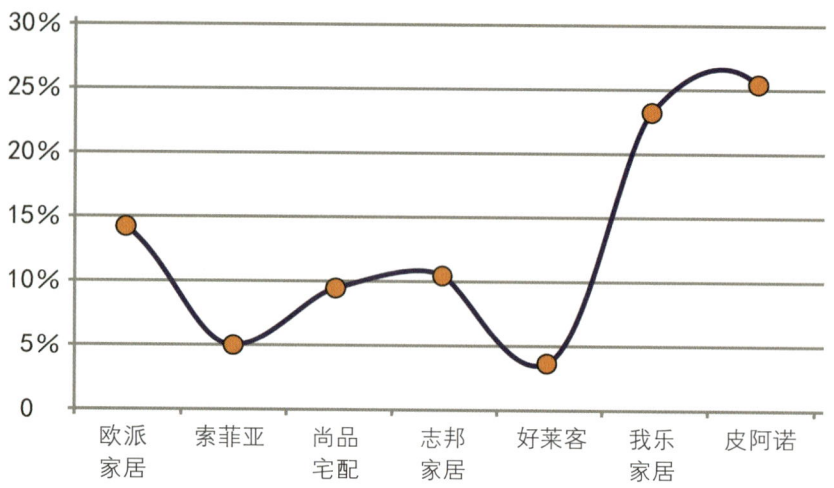

图1-5：在定制家具行业中，各大企业的营收增长率互异。其中，我乐家居和皮阿诺的增长速度较快，而索菲亚和好莱客等企业的增长相对缓慢，但仍然有所增长。在激烈的市场竞争中，只有不断创新产品、提高品质、拓展市场，才能在行业中脱颖而出，实现可持续发展。因此，企业必须追求卓越，不断进取，才能在定制家具市场中取得成功。

图1-5 不同定制企业的营收增长率

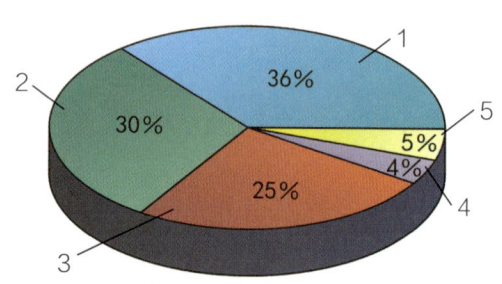

图1-6：公众选择定制的缘由多种多样，定制所具备的优势在一定程度上能够增加定制的应用率，了解公众选择定制家具会考虑的因素占比，能更好地帮助定制行业不断发展。

图1-6 选择定制家具考虑的因素占比

1—利用空间　2—生活习惯　3—个性需求　4—收纳便捷　5—流行趋势

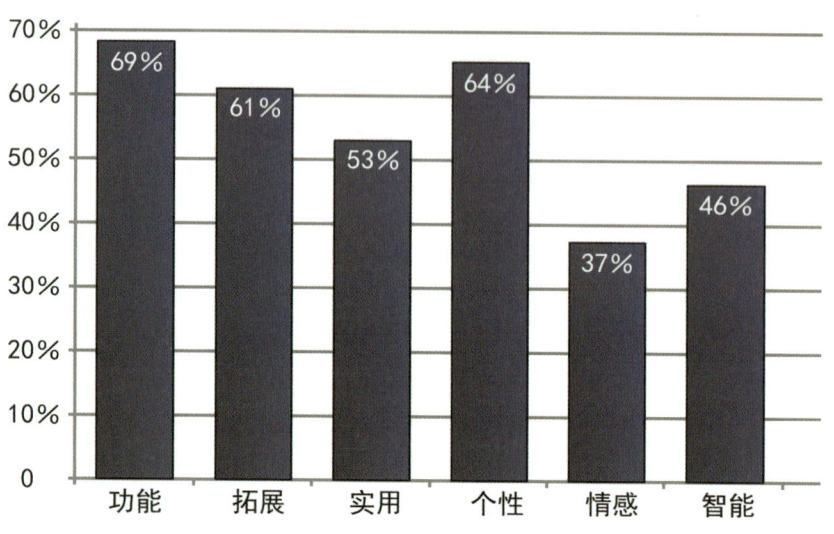

图1-7：经过调查，分析平均每100人中定制家具各项需求人数占比，可得知，提升定制应用率的关键在于优化功能属性和进行个性化设计。

图1-7 公众需求服务属性占比

1.1.3 定制家具发展趋势

受到房地产市场波动、环保政策调整、行业布局优化以及电商蓬勃发展等多重因素的影响，定制市场逐渐崭露头角，其市场地位稳步攀升。展望未来，定制行业将逐步整合线上线下运营模式，深挖市场需求，打造一条集研发、生产、销售、服务于一体的全方位产业链。同时，传承并发扬中华文化的精髓，坚持以品牌为核心，以市场为导向的发展策略。

定制家具在未来将会迎来更广阔的发展空间。在满足消费者个性化需求、注重环保、应用智能化技术等方面，定制将有更多的创新和突破，致力于给消费者带来更加舒适、便捷、环保、个性化的家具体验。我国未来定制家具发展主要有以下趋势：

（1）出现有领头能力的优质企业，能带动其他企业形成核心竞争力，在行业内形成资源共享。

（2）向环保方向发展，注重设计品质与生产工艺。

（3）大幅度提升销售额，市场认知度有所提升。

1.2 市场运营流程

1.2.1 市场运营循环

市场运营是一个持续演进的过程，其核心在于不断满足消费者的需求，同时实现家具企业的盈利，并在可行范围内拓展市场容量。市场运营犹如一个闭合的循环圈，包含吸引流量、筛选目标客户、激发活跃度、促进交易以及总结经验等环节，它们共同构成了完善定制市场运营体系的关键要素（图1-8）。

1.2.2 市场运营流程

定制家具市场与传统家具市场之间存在明显的差异。定制市场要求将门店、工厂、实施、售后等四个关键环节进行有序协调，并在整个流程中全程跟踪记录所产生的问题与数据。这些信息将被反馈给销售、设计、安装等多个相关部门，以便更好地调配运营资源（图1-9）。

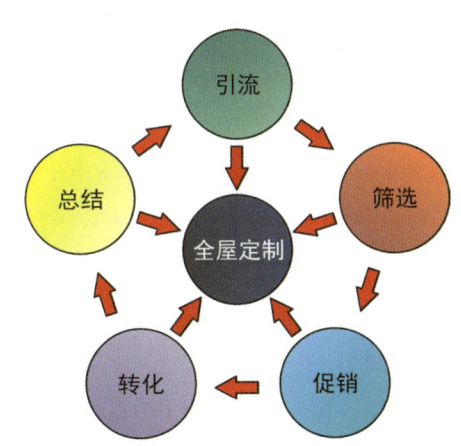

图1-8 市场运营循环

图1-8：市场运营闭环的步骤如下：首先，通过与客户的深度沟通，运用线上线下的各种促销活动来吸引流量。接着，选取合适的平台以留住有效客户。然后，线上线下同时进行各类促销活动。接下来，将潜在客户转化为实际购买客户，实现盈利。最后，通过分析用户行为和销售状况，调整运营策略，为下一轮运营做好准备。这是一个环环相扣、不断优化的过程。

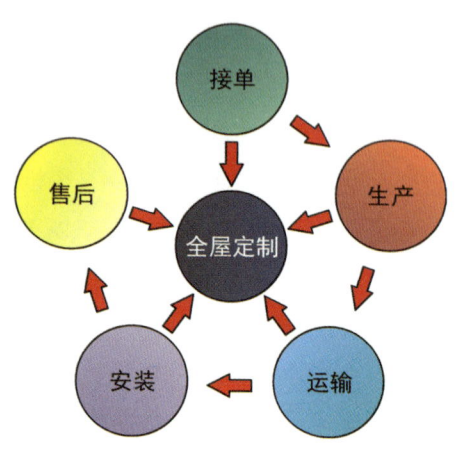

图1-9　市场运营流程

图1-9：定制流程如下：门店线上线下接单，设计图纸交由工厂定制裁切样板，随后运送家具板材至客户家中，派遣工人安装，最后定期收集客户反馈。

1.2.3　定制标准化工作流程

定制标准化工作流程具体如图1-10所示。

1. 接单沟通

主要沟通内容包括客户的家庭成员、对产品材质的要求、喜欢的家居风格、投入资金、客户地址、其他具体工程等。

2. 空间测量

测量工程所包含的内容较多，不同项目的测量标准与注意事项可参考表1-2。

3. 初步设计

初始设计的重点在于如何将客户的设计需求与实际结合。

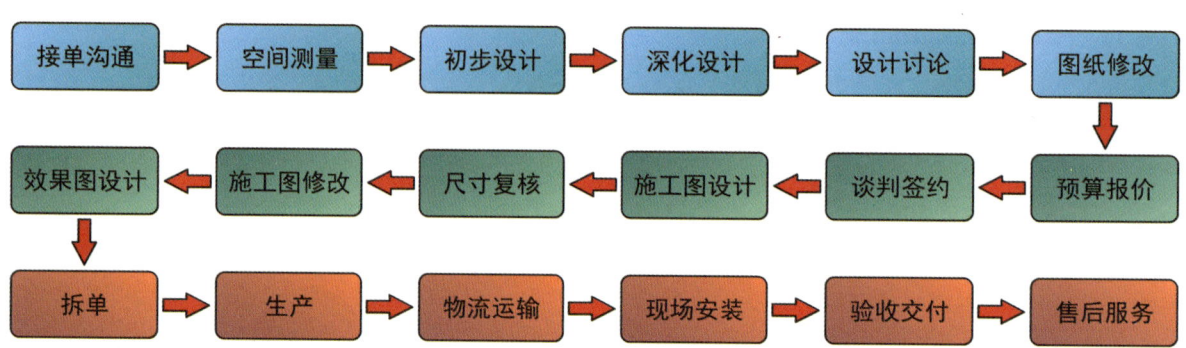

图1-10　定制标准化工作流程

图1-10：定制家具正逐渐成为越来越多追求个性化、品质化生活的客户的首选。为了满足客户的需求，必须建立一套严谨的定制标准化工作流程，确保每一个环节都能紧密相连，为客户量身打造理想的家居环境。

表1-2　　　　　　　　　　　　　　定制测量注意事项

测量项目	测量注意事项
木门类测量	• 客户选用的款式、线条与框板规格 • 现有门套装饰线条是否完整 • 定制家具与墙面或其他构造是否有矛盾 • 洞口每个面的尺寸误差 • 注明开门方向，明确门洞的形状、尺寸
墙板类测量	• 墙面标高，梁、柱尺寸，并记录室内所有尺寸，如电源位置 • 门洞或窗洞的位置需重点测量 • 客户所需的地面材料与踢脚线材料及其形状、尺寸
柜体类测量	• 不同功能区柜体与吊顶、灯源、插座之间的关系 • 柜体位置、尺寸是否与室内空间格局相符

4. 深化设计

根据测量尺寸与客户要求调整设计图纸，细化柜体、墙板、木门等的设计细节。

5. 设计讨论

与客户二次接触，向客户阐明设计方案的特点，设计方案要有特色与创新，考虑设计的可行性。

6. 图纸修改

对客户有疑问或不满意的设计环节进行修改，并重新设计两套以上的备选方案。

7. 预算报价

询问客户的期望价格，标明项目名称、项目单价、项目总价等信息，报价项目应当能在图纸中体现出来。

8. 谈判签约

确定合作意向，签订合同，应当向客户说明签约事项与合同重点。

9. 施工图设计

根据设计图纸绘制基础施工图纸，图纸绘制完成后需要施工方、客户、设计师签字确认。

10. 尺寸复核

为了保证施工的准确性与安全性，施工之前要再次进行尺寸复核，可拍照记录。

11. 施工图修改

细化设计图纸内容，标注开关、插座等的位置，注明修改的设计细节。

12. 效果图设计

签约之后即可绘制效果图，或在设计图纸细化后再绘制效果图，这样也能更精准地表现设计细节（图1-11、图1-12）。

13. 拆单

根据设计图纸与施工图纸下料，注明材料类别、油漆工艺要求、木工工艺要求、工厂配置五金、包装运输要求、安装工艺要求等信息。

14. 生产

确保精准下料，要全程监督，保证生产尺寸与产品设计尺寸相一致（图1-13、图1-14）。

图1-11 书房榻榻米

图1-12 更衣间

图1-11：优质榻榻米不仅能够让人感受到舒适的触感，颜色搭配也应注重和谐统一。

图1-12：更衣间设计的首要考虑因素是空间。在规划更衣间时，需要考虑更衣间的位置、大小和形状，以及如何最大化利用空间。如果更衣间较大，可以考虑增加一些座位、镜子或装饰品等元素来提升它的功能性和美观度。

图1-13 产品加工

图1-14 加工完毕的板材

图1-15 待运输的产品

图1-13：产品加工过程需精准控制下料，全程严密监管，确保生产尺寸与设计蓝图分毫不差。

图1-14：加工完毕的板材务必经过反复核查，以确保完美无瑕，杜绝瑕疵。

图1-15：待运输的产品务必妥善包装，防止板材运输中坏损，并且核实产品详情，防备货品短缺。

15. 物流运输

产品生产完成后预约送货时间，做好产品包装，降低在运输途中的损坏率（图1-15）。

16. 现场安装

在工厂进行预装，上门安装完毕后应告知客户相关的保养方法与清洁方法（图1-16）。

17. 验收交付

安装完成后由客户验收，主要验收产品的外观是否有损坏，材料色泽是否光洁，是否与设计合同上所标明的色彩一致，产品内部结构是否稳固，五金配件是否能正常使用，使用时是否有噪声等（图1-17），并拍照存档（图1-18）。

18. 售后服务

在合同规定的期限内，非客户原因，而产品出现问题，则经销商或厂商应当上门维修或更换产品。

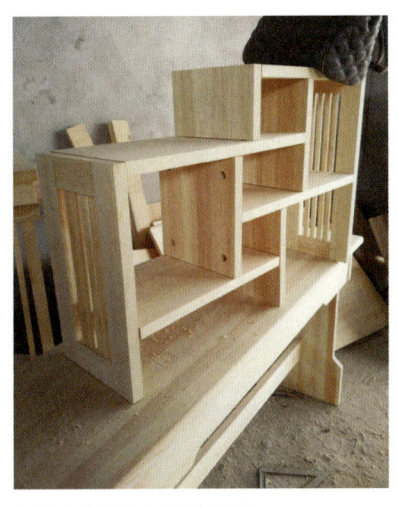

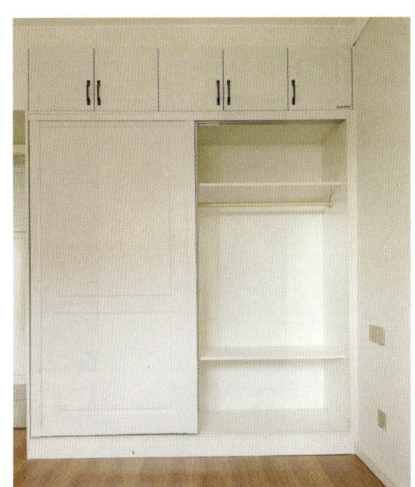

图1-16　定制书架安装

国家家具产品质量监督检验中心（广东）
China National Quality Supervision and Testing Center for Furniture

检验报告（Test Report）

共12页　第4页

序号	检测项目	技术要求		单位	检测结果	判定
17	人造板件外观	干花、湿花	外表应无干花、湿花	——	符合	合格
			内表干花、湿花面积不超过板面的5%	——	符合	合格
		污斑	同一板面外表，允许1处，面积在3mm²～30mm²内	——	符合	合格
		表面划痕	外表应无明显划痕	——	符合	合格
		表面压痕	外表应无明显压痕	——	符合	合格
		色差	外表应无明显色差	——	符合	合格
		鼓泡、龟裂、分层	外表应无鼓泡、龟裂、分层	——	符合	合格
18	家具五金件外观	电镀件	镀层表面应无锈蚀、毛刺、露底	——	符合	合格
			镀层表面应光滑平整，应无起泡、泛黄、花斑、烧焦、裂纹、划痕和磕碰伤等缺陷	——	符合	合格
		喷涂件	涂层应无漏喷、锈蚀	——	符合	合格
			涂层应光滑均匀，色泽一致，应无流挂、疙瘩、皱皮、飞漆等缺陷	——	符合	合格
		金属合金件	应无锈蚀、氧化膜脱落、刃口、锐棱	——	符合	合格
			表面细密，应无裂纹、毛刺、黑斑等缺陷	——	符合	合格
		焊接件	焊接部位应牢固，应无脱焊、虚焊、焊穿	——	——	——
			焊缝均匀，应无毛刺、锐棱、飞溅、裂纹等缺陷	——	——	——
19	玻璃件外观	外露周边应磨边处理，安装牢固		——	——	——
		玻璃应光洁平滑，不应有裂纹、划伤、沙粒、疙瘩和麻点等缺陷		——	——	——
20	塑料件外观	塑料件表面应光洁，应无裂纹、皱褶、污渍、明显色差		——	符合	合格
21	软包件要求	包覆的面料拼接对称图案应完整，同一部位绒面料的绒毛方向应一致；不应有明显色差		——	——	——
		包覆的面料不应有划痕、色污、油污		——	——	——
		软面包覆表面应：1）平服饱满，松紧均匀，不应有明显皱折；2）有对称工艺性皱折应匀称、层次分明		——	——	——
		软面嵌线应：1）圆滑挺直；2）圆角处对称；3）无明显浮线、明显跳针或外露线头		——	——	——
		外露泡钉：1）排列应整齐，间距基本相等；2）不应有泡钉明显敲扁或脱漆		——	——	——

图1-17　检验报告

图1-18　拍照存档

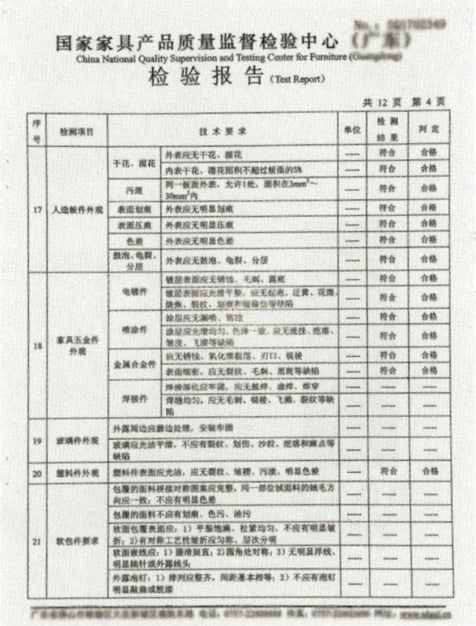

图1-16：在安装最后阶段，要对整个定制书架进行细致的检查，以确保安装准确无误。每一个细节都要经过严格的核实，无论是书架的稳定性，还是每一格的尺寸，都必须与设计图纸完全吻合。

图1-17：在安装过程结束后，务必进行细致入微的核查，确保一切运作正常，无任何潜在问题之后，完成验收合格报告的填写。

图1-18：在定制完成后对整个空间进行拍照留档。这是为了防止在后期出现任何的误会或纠纷，同时也可以作为工作记录留存。

1.3　定制家具的消费群体及其要求

1.3.1　消费群体要求

定制家具几乎适用于所有消费群体，它兼具实用性与美观性，能够满足公众对于居住环境、设计审美等方面的不同需求。了解消费群体的要求，能够帮助企业完善定制家具的生产体系，同时制定合适的营销策略。在这个追求个性与品味的时代，定制家具作为一种全新的家具消费模式，正逐渐受到越来越多消费者的青睐。

为了更好地满足这一消费群体的需求，需深入探讨定制家具消费者的心理特征，从而为消费者量身打造更为契合的家具。定制家具消费群体的需求如下：

（1）个性化定制设计，确保环保、绿色、安全。

（2）便捷式一站消费，低廉的设计、生产、安装成本，可靠的售后保障。

（3）室内空间利用率最大化。

1.3.2　定制家具消费群体

目前定制家具的消费群体主要为90后、00后，这部分消费群体喜欢有个性、有创意的设计，定制家具能够更好地满足他们的需求（图1-19）。

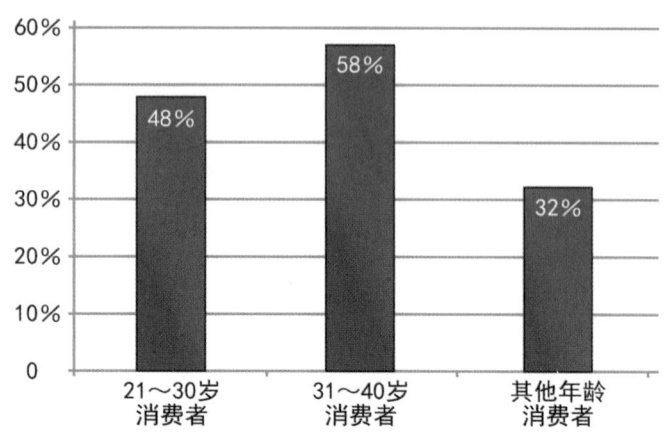

图1-19：定制家具的消费群体年龄段占比以20～40岁的人群为主。这一年龄段的消费者追求个性化、注重品质、关注空间利用和一站式服务，定制家具正好可以满足他们的需求。在未来，随着定制行业的不断发展和市场推广，定制家具的消费群体年龄段占比将更加趋于多元化。

图1-19　定制家具消费群体的年龄段占比

1.4　从业人员配置

定制家具囊括了多项服务，产品的生产与安装需要多岗位工种配合完成，其中市场、导购、设计、生产调度、物流、安装、售服等为主要职能人员，具体的人员配置如下：

1. 店长

店长主要负责协助生产工厂完成客户订单的交货任务，组建团队活动，协调店内人员关系，管理员工与店内事务。

2. 营销顾问

营销顾问主要负责市场推广工作，包括品牌宣传、活动策划、网站运营、营销文案管理、对接新媒体、对接电商平台等。

3. 门店设计师

门店设计师主要负责测量空间尺寸、绘制设计图纸等工作，并向客户、加工人员、安装人员等讲解设计思路。

4. 拆单审单人员

拆单审单人员主要负责接收、审核订单与设计图纸。与门店设计师沟通设计方案，将图纸导入工厂后端拆单软件中，并拆成生产工艺数据，审核后将其导入管理软件中。

5. 财务人员

财务人员主要负责审核当前订单的运营状况，审核经销商信用等级、订单付款情况等。

6. 原料采购人员

原料采购人员主要负责生产原料的采购，并将采购回的原料放入对应的仓库中。根据领料清单，将材料配齐给产线工人。

7. 产线工人

产线工人主要负责根据生产流程卡，将对应的板件放置于加工机器上，进行开料、封边、开槽、打孔等加工，部分产品需使用手工锯进行加工。

8. 包装分拣工人

包装分拣工人主要负责清理加工完毕的板件，扫描采集板件数据信息，使用包装纸将其分类包装好，贴好包装标签。

9. 成品仓管人员

成品仓管人员主要负责扫描成品包装条码，将其进行编码、入库操作。检查发货清单是否有漏项，确认无误后，便可填写物流信息，完成成品发货。

10. 安装工人

安装工人主要负责成品的安装，识读设计图纸，了解图纸结构与安装方式，现场修改设计，应对客户提出的问题。

11. 售后服务人员

售后服务人员主要负责安排产品的维修、保养工作，并负责跟踪调查客户对定制产品的使用体验。

本章小结

定制家具作为一种全新的家具消费模式，已经成为家具市场的一大趋势。定制家具从业者需要不断提高自身的实力和创新能力，满足消费者日益增长的需求，共同推动整个行业的发展。只有通过不断的创新，注重产品质量和服务质量，建立良好的品牌形象，为消费者建立起良好的沟通渠道和售后服务体系，才能够赢得市场认可，实现可持续发展。

课后练习

1. 简述定制家具的优势。
2. 概述定制家具未来的发展趋势。
3. 简要概括出定制家具的设计工作流程。
4. 实地考察当地定制家具品牌，分析各品牌年增长趋势。
5. 采用抽样调查的方式，收集并整理定制家具消费人群的年龄以及需求信息，绘制分析图。
6. 考察定制家具市场，找出定制生产中国传统家具的品牌，分析这些品牌新设计、生产的定制家具的特征。

第2章 定制家具的预算与成本

学习目标： 掌握定制家具概预决算方法，经过考察调研，全面了解定制家具的定价机制与合同。
学习难度： ★★★☆☆
重点概念： 概预决算、门店报价、成本核算、合同签订

章节导读

定制家具的价格与其成本紧密相连，价格通常与投入成正比。生产商通过定制家具的设计图纸，结合材料和人工等市场价格，可以迅速估算出定制价格。然而，为了提供精确报价和更好地与客户沟通，生产商还需梳理材料成本、人工成本、管理成本等，并进行详尽的成本核算，以确保利润（图2-1）。

图2-1 榻榻米定制家具

图2-1：榻榻米定制家具整体感较强，但是综合成本较高，是目前定制家具市场上的主流产品，收纳、使用功能齐备。

2.1 定制家具概预决算

在编制预算之前，需要了解客户的基本情况，包括姓名、年龄、职业、性格爱好、工作时间、家庭情况等，并进行简单记录，客户信息表中记录的详细信息有助于后续设计实施（表2-1）。

2.1.1 简单快速概算

要想快速做好定制家具预算，需要了解市场上板材与五金配件的价格。

表2-1　　　　　　　　　　　　　　　　客户信息表

一、客户信息			
姓名		联系电话	
年龄		职业	
家庭成员		个人喜好	
二、基本信息			
房屋面积		户型	
住址		精装房	是（　）否（　）
定制家具风格		预算	
三、沟通情况			
沟通记录	1. 2. 3.		
备注			

1. 影响定价的因素

影响定制家具定价的因素主要有以下几种：

（1）板材材质。板材的种类、加工方法、成本投入，都影响着产品的最终定价（图2-2、图2-3）。

（2）品牌。定制家具的品牌定位和给客户的

图2-2　定制家具实木产品

图2-3　定制家具人造板产品

图2-2：实木板材天然、环保，表面纹理清晰，其对选材、烘干、指接、接缝等要求较高，在视觉上能给人一种沉稳感，通常价格会高于9000元/套。

图2-3：人造板板材具有较好的使用性能，该板材可个性化定制，板面色泽、纹理均能给人较好的视觉美感，且装卸方便，通常价格在6500～7000元/套。

体验感,直接决定了价格的高低。

(3)制作工艺。产品的造型、外观、色泽等元素,都会影响价格设定,设计美观、色泽亮丽、打磨精细的定制家具产品价格相对较高。

(4)五金配件。配件的材质、外观、质地、品牌等因素,都会对价格产生影响。同时,配件的价格与定制家具的总造价关系密切。

2. 市场上各类板材与五金配件的价格

通过深入了解市场上各类板材和五金配件的价格,设计师能够更好地为客户量身定制家具方案。在设计过程中,充分考虑成本因素,有助于提高项目的成功率。各类板材与五金配件价格可参考表2-2。

表2-2　　市场上各类板材与五金配件参考价格

序号	名称	参考价格	序号	名称	参考价格
1	实木板	厚18mm,200~350元/m²	14	木线条	宽60mm,6~8元/m
2	刨花板	厚18mm,40~60元/m²	15	塑料装饰线条	宽20mm,1~2元/m
3	中纤板	厚15mm,40~50元/m²	16	石材线条	宽60mm,35~50元/m
4	禾香板	厚15mm,80~100元/m²	17	不锈钢线条	宽20mm,15~20元/m
5	多层实木板	厚15mm,60~80元/m²	18	铝合金线条	宽20mm,12~15元/m
6	细木工板	厚18mm,80~100元/m²	19	锁具	20~30元/件
7	实木门板	厚15mm,250~400元/m²	20	拉手	3~8元/件
8	烤漆门板	厚15mm,150~200元/m²	21	三合一连接件	0.2~0.3元/件
9	吸塑门板	厚15mm,80~100元/m²	22	挂架	15~20元/件
10	三聚氰胺饰面	厚0.5mm,20~25元/m²	23	铰链	1.5~3元/件
11	实木皮饰面	厚2mm,40~50元/m²	24	抽屉滑轨	10~15元/对
12	波音软片	厚1.2mm,30~40元/m²	25	磁碰	0.5~0.8元/件
13	防火板饰面	厚1.5mm,25~40元/m²	26	气动支撑杆	15~20元/件

2.1.2　预算定价编制

1. 编制前准备

在正式编制预算前,需要备齐相关的资料,要有条理地进行预算的编制工作。预算编制的准备工作是预算编制工作的基础和关键。具体准备工作如下:

(1)熟悉设计图纸内容。了解各项施工图纸与设计意图。

(2)准备相关资料。了解政策法规、现场情况和市场信息。

(3)现场勘查。了解施工地点周边交通情况、水电使用情况、配套设施使用情况。

(4)后期整理。了解项目全程与市场价格体系。

2. 编制根据

定制家具预算编制根据是设计师在定制过程中需重点关注的问题。设计师需充分了解客户的需求、预算及预期效果,与客户、定制厂家等各方保持良好沟通,确保在定制家具过程中实现预算与效果的平衡。

预算定价的编制根据主要为已经计算的工程量、有关法律法规、客户投入资金、施工管理条件、上游材料价格、生产安装工艺标准、合同等。

3. 预算定价机制

这里主要介绍定制家具定价的计算方式。

(1)按照投影面积计算。即柜体总价 = 柜体宽度×柜体高度×板材市场单价,在采用此计价方式时,务必向生产商明确是否包含柜门,以及柜体尺寸和功能配件如抽屉、拉篮、格子架、裤架等是否有特定要求。

(2)按照展开面积计算。需拆解柜体结构,分别计算板材、五金、隔板、背板及相关配件的面积与单价,最后相加,得出柜体总价。

目前多采用"展开面积计算"的方式进行定制家具计价。此法能直观展示设计细节的个性与人性化,明确各部分材料种类,但计算过程较烦琐(图2-4)。

2.1.3 定制家具竣工决算统计

1. 竣工决算的意义

竣工决算能全面反映出定制家具项目的经济效益是否合理,以及定制家具项目的实际造价。

2. 竣工决算的内容

定制家具是一个复杂而精细的过程,涵盖了多个环节。为了确保施工无误,设计师必须全面考虑每个环节,并全方位精细化处理从设计到施工的细节。竣工决算涵盖了以下内容。

(1)项目进度。包括开工时间、竣工时间,根据时间进行工期分析。

(2)质量要求。评定验收等级,验收合格率与优质等级。

(3)安全措施。指施工安全保护措施,排除安全隐患。

(4)施工造价。是否超出预算额度,施工组织是否合理,施工方案是否可行。

定制家具竣工工程概况表详尽地阐述了整个

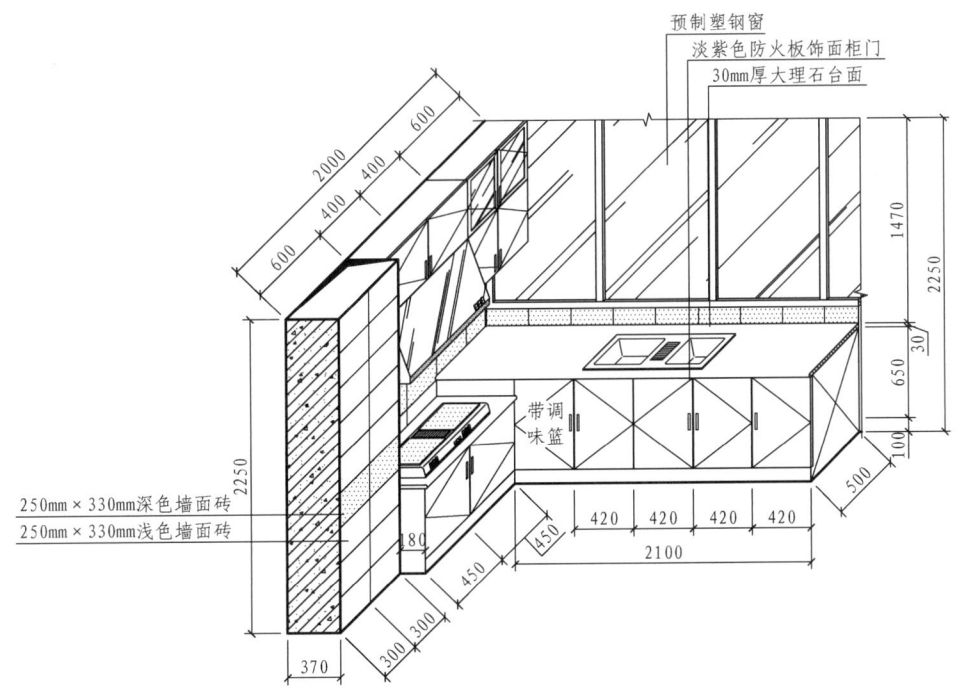

图2-4:定制橱柜轴测图能以三维的方式呈现出橱柜的形状和结构,可以更加直观地展现橱柜的设计和布局。同时,这种图纸还能够提供橱柜各个部分的尺寸和位置信息,方便计算板材和零部件的数量和尺寸,因此在预算定价中是必不可少的。

图2-4 定制橱柜轴测图

施工流程，为保证项目顺利进行提供了有力支持（表2-3）。

3. 竣工决算编制步骤

编制定制家具竣工决算应按照以下步骤进行。

（1）汇编审核数据。提前收集所有必要的资料，实时记录工程进度。竣工验收阶段，需梳理所有相关的技术文档、工程经济决算文件、施工图纸，以及各类变更和签证资料等。

（2）清理债务与物资。在编制前，需仔细核对账目，盘点库存，确认是否有遗漏或重复项。所有清点的材料和器具需按规及时处理。

（3）填写竣工决算报表。根据编制资料，统计并填写报表内容，确保无误后，方可将最终计算结果填入相应表格。

（4）撰写竣工决算说明书。编写需符合决算说明书的内容要求，具备科学性和实用性。

（5）审查与核准。上述内容必须经过审核。通过审核并装订成册的决算资料，将作为定制家具项目的竣工文件。

表2-3　　　　　　　　　　定制家具竣工工程概况表（参考示例）

项目名称			建设地址		
主要设计单位			主要施工企业		
项目面积			总投资／万元		
施工起止时间	设计		从××××年××月开工至××××年××月竣工		
	实际		从××××年××月开工至××××年××月竣工		
设计概算批准文号：					
新增生产能力	能力（效益）名称		设计		
			实际		
完成主要工程量	建筑面积／m²		设计		
			实际		
	设备（台、套、吨）		设计		
			实际		
支出	项目		概算	实际	主要指标
	安装工程				
	设备、工具、器具				
	管理费				
	合计				
主要材料消耗	名称		板材		五金配件
	单位				
	概算				
	实际				
主要技术经济指标					
收尾工程	工程内容		投资额		完成时间

2.2 定制家具门店报价

2.2.1 报价系统软件应用

定制家具门店因品牌不同,所选用的报价系统软件也会有所不同。报价系统软件能以更科学的方式获取更精准的报价,且工作效率较高,常见的报价系统软件主要有深化大师、云熙、圆方等几种。

2.2.2 报价案例解析

家具报价是设计师根据消费者的订单需求,综合各项因素给出的价格。由于各企业使用的板材、配件、设计师水平及安装人员素质有所差异,导致定制家具报价略有不同。然而,基本上报价皆采用前述两种方式进行面积计算。

通过定制橱柜报价表,设计师与消费者都可以了解到定制橱柜的价格构成,包括橱柜本身的价格、台面、水槽、电器等配件的价格。消费者可以根据自己的预算,合理选择定制橱柜的材质、款式和配件,确保装修过程中不超支。定制橱柜的设计图纸是编制其报价单的重要参考资料,从设计图纸中能够得到整体橱柜制作的工程量,注意要反复核实尺寸(图2-5~图2-7)。

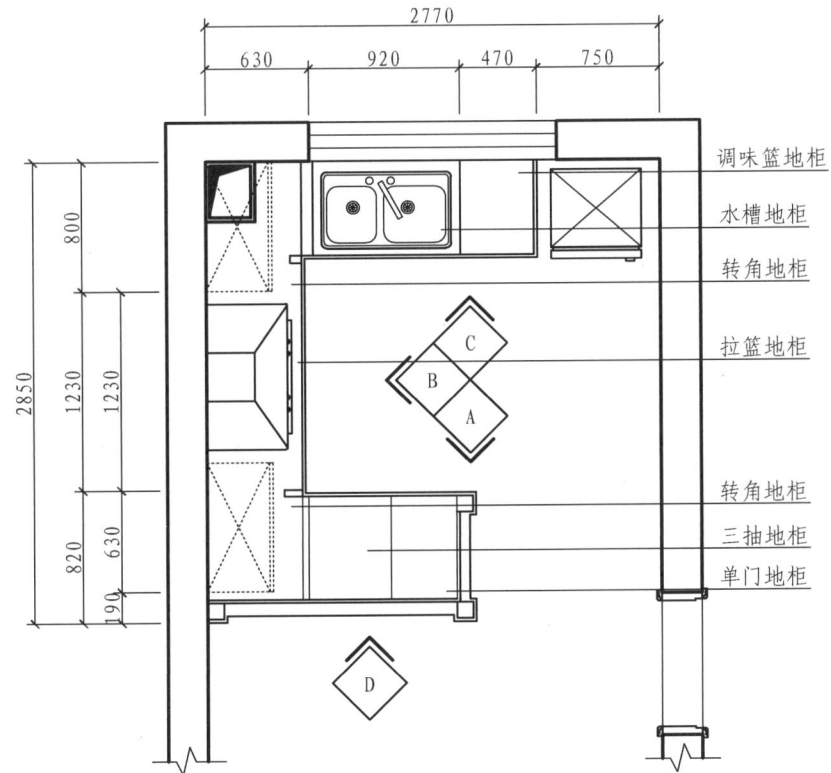

图2-5 橱柜设计平面布置图

图2-5:橱柜平面布置图是整体橱柜设计的基本参考资料,整体橱柜应当根据厨房的形状、面积等综合设计,在计算整体橱柜价格时需参考设计图纸,计算出整体橱柜的大致延米数,并得出初步预算。

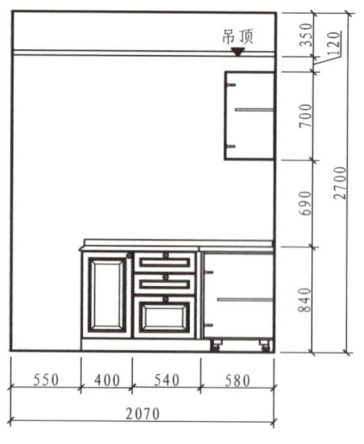
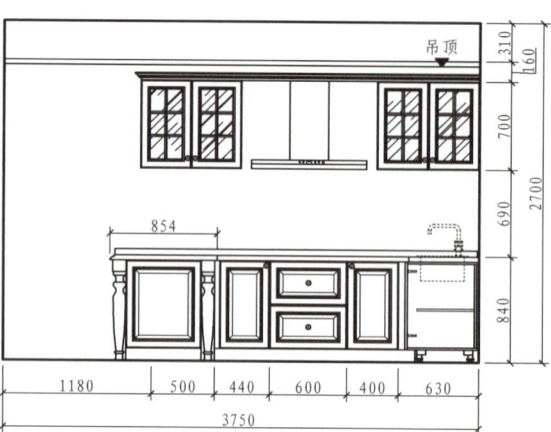

图2-6：橱柜立面图是橱柜预算编制与生产加工的主要根据，需要表现出丰富的构造细节，标注详细尺寸。

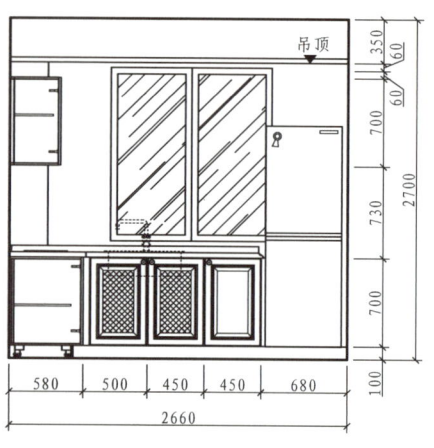
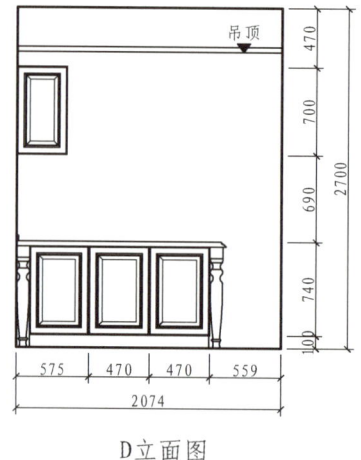

图2-6 整体橱柜立面图

（a）整体橱柜鸟瞰　　（b）灶台与油烟机　　（c）网格柜门

图2-7 整体橱柜效果图

图2-7：橱柜效果图可以模拟出真实的空间场景，表现橱柜构造的空间构成关系与材质，是预算、报价的重要参考。

整体橱柜报价是设计师根据消费者的订单要求进行的有针对性的综合报价，下面将以模压板整体橱柜与实木板整体橱柜为例讲解报价单的具体内容（表2-4、表2-5）。

表2-4　　　　　　　　　　　　　　整体橱柜模压板报价

客户姓名		客户地址			电话		
公司名称				公司地址			
设计师				电话			
一、基本配置							
名称	品牌	规格/mm	用料明细	数量	单位	单价/元	分类总价/元
非标上柜	科朗·科尔玛	400×700	模压板	1.6	m	1190×0.88×1.1	1843
下柜	科朗·科尔玛	660×580	模压板	4.39	m	1890×0.88	7301
吧台地柜	科朗·科尔玛	760×700	模压板	0.84	m	1890×0.88×1.2	1676
台面	科朗·科尔玛	深600	石英石	6.17	m	1360	8391
合计							19211
二、功能件配置							
名称	品牌	规格/mm	用料明细	数量	单位	单价/元	分类总价/元
抽屉滑轨	KELMAR	标配	线型带阻尼	3	对	600	1800
扶杆	KELMAR	标配		1	件	90	90
调味篮	KELMAR	深450	线型带阻尼	1	件	530	530
拉碗篮	KELMAR	深600	线型带阻尼	1	件	750	750
装饰板			同门板	2.38	m²	850	2023
烟机罩				1	件	2800	2800
台盆工艺			台下盆	1	件	260	260
煤气包管		700×400	石英石	1	组	350	350
吧台支脚				3	件	450	1350
顶角装饰线				3.2	m	220	704
网格门				2	扇	400	800
异地加工费				1	项	1000	1000
玻璃门				4	扇	480	1920
合计							14377
总价（元）							33588

表2-5　　　　　　　　　　　　　　　　整体橱柜实木板报价

客户姓名		客户地址			电话		
公司名称				公司地址			
设计师				电话			

一、基本配置

名称	品牌	规格/mm	用料明细	数量	单位	单价/元	分类总价/元
非标上柜	科朗·科尔玛	400×700	实木板	1.6	m	2930×0.88×1.1	4537
下柜	科朗·科尔玛	660×580	实木板	4.39	m	3550×0.88	13714
吧台地柜	科朗·科尔玛	760×700	实木板	0.84	m	3550×0.88×1.2	2999
台面	科朗·科尔玛	深600	石英石	6.17	m	1360	8391
合计							29641

二、功能件配置

名称	品牌	规格/mm	用料明细	数量	单位	单价/元	分类总价/元
抽屉滑轨	KELMAR	标配	线型带阻尼	3	对	600	1800
扶杆	KELMAR	标配		1	件	90	90
调味篮	KELMAR	深450	线型带阻尼	1	件	530	530
拉碗篮	KELMAR	深600	线型带阻尼	1	件	750	750
装饰板			同门板	2.38	m²	1750	4165
烟机罩				1	件	3500	3500
台盆工艺			台下盆	1	件	260	260
煤气包管		700×400	石英石	1	组	350	350
吧台支脚				3	件	450	1350
网格门				2	扇	500	1000
封顶板			实木贴皮	0.384	m²	1350	518.4
异地加工费				1	项	1000	1000
玻璃门				4	扇	480	1920
合计							17233.4
总价（元）							46874.4

2.3 定制家具成本核算

定制家具的成本核算是其成本管理工作的重要组成部分，成本核算是对定制家具产品生产经营过程中各种耗费真实、直观反映的过程，同时这个过程也是实施成本管理，进行成本信息反馈的过程。

标准成本操作方法在企业成本控制中的应用，有助于企业降低成本，提高市场竞争力。企业应根据自身实际情况，制定合理的标准成本，加强成本核算、成本控制、成本分析和成本考核等环节的工作，形成一套科学合理的成本管理体系，为企业的可持续发展奠定基础。标准成本核算方法如下：

（1）确定设计初稿。
（2）根据图纸编制用料清单。
（3）核实各部件材料价格与施工价格。
（4）修订成本价格。
（5）制作家具样品。

2.3.1 材料成本核算

定制家具的材料成本是影响消费者选择的重要因素。设计师在进行定制家具设计时，应根据客户的需求和预算，合理选择材料和厂家，制作出高性价比的家具。定制家具成本主要包括主材成本、五金件成本、包装成本、涂料成本等几项，最终的成本核算是这几项成本的总和。

（1）主材成本。包括主材净加工成本与损耗成本、税务成本、运输成本、特殊工艺构造成本。
（2）五金件成本。按设计图纸计算五金件需求成本、安装损耗成本。
（3）包装成本。包括各种材料包装成本。
（4）涂料成本。包括涂料喷涂与特殊工艺制作成本。

2.3.2 人工成本核算

定制家具企业的人工成本是影响企业盈利能力的重要因素。在当前人工成本不断攀升的背景下，定制家具企业需要采取有效措施，降低人工成本，提高企业效益。从提高生产效率、优化人力资源管理、建立激励机制、合理控制福利和补贴等方面入手，探讨定制家具企业人工成本的控制策略，以应对行业未来的挑战。

人工成本一般按照材料成本总额的15%计算，这包含了所有的间接和直接人工成本，在进行最终的人工成本核算时应一一列项，以免有遗漏项。人工成本主要为基本工资、奖金福利、住宿餐饮费、教育培训费、社保公积金等。

2.3.3 管理成本核算

定制家具产品的制造涉及材料、场地和设备等多方面的成本，这些都需要精确的核算和管理。为此，定制家具生产中心需完善成本核算系统，设立专门的成本管理机构。同时要提升产品的成材率，减少资源浪费，以实现效益最大化。

2.3.4 综合成本核算案例解析

橱柜成本核算表是橱柜企业进行成本管理的重要工具，对企业的成本控制、产品定价、竞争力提升等方面具有重要作用。企业应加强对橱柜成本核算表的研究和应用，以实现成本最低、效益最大化。下面将以橱柜为例讲解定制家具的综合成本核算（表2-6）。

表2-6　　　　　　　　　　　　　　橱柜成本核算表

序号	名称	规格/mm	用料明细	数量	单位	单价/（元×折扣）	分类总价/元
1	上柜	700×350	烤漆	1.08	m	1550×0.6	1004
2	下柜	660×580	国产石英石	3.16	m	1850×0.6	3508
3	台面	深600	烤漆	3.26	m	1050	3423
4	抽屉滑轨	标配	线型带阻尼	2	副	300	600
5	围杆	标配		2	副	60	120
6	调味篮	宽300	线型带阻尼	1	只	300	300
7	拉篮		线型带阻尼	1	套	750	750
8	出面		烤漆	0.49	m²	850	466
9	台盆工艺		台下盆	1	组	180	260
10	煤气包管费用	700×400	石英石	1	m²	200	200
11	搬运费			1	项	200	200
12	总价（元）						10831

注：折扣是一种营销方式，以实际价格为准。

2.4　定制家具合同签订

甲乙双方关于定制家具报价无异议后，即可签订合同，这既是定制家具生产与安装的重要环节，同时也能有效保障甲乙双方的权益，预算也是合同的一部分。

2.4.1　定制家具合同范本

定制家具购货合同书是房屋装修或家具制造过程中一份重要的法律文件，旨在约定双方的权利和义务，保障双方的合法权益。在签订合同时，双方应当认真审阅合同内容，充分沟通协商，确保合同内容的明确、具体、合理，以避免在工程实施过程中产生纠纷。定制家具合同范本示例可参见表2-7。

表2-7　　　　　　　　　　　定制家具购货合同书（参考示例）

编号：

定制家具购货合同

甲方：
乙方：
签订日期：_____年____月____日

现有_____商场（下面统称为"乙方"）接受_____（下面统称为"甲方"）的委托，依照《中华人民共和国民法典》及其他有关法律、法规规定，结合定制家具产品设计、生产、安装的特点，甲乙双方在自愿、平等、协商一致的基础上，就乙方为甲方设计、生产、安装定制家具产品达成以下协议：

一、购货产品内容
　　1. 购货产品内容（详情见附件清单）。
　　2. 附件：设计图纸，请甲方仔细阅读并签字确认，设计图纸签名后，甲乙双方不可单方面随意更改，经双方同意更改的需重新出具设计图纸并签名，否则因更改设计图纸而造成的延期责任与费用将由更改一方承担。

二、交货地点： 本合同交货地点为甲方签名的地址

三、交货期限、送装时间、付款方式
　　1. 本合同产品预计制作周期为：____天（法定节假日顺延），合同交货期限自_____年____月____日至_____年____月____日，在此日期内，乙方送货安装前应与甲方电话联系确认具体的上门安装日期与时间。
　　2. 付款方式：甲方在签订合同时，应付所购货物的全款，共计_____元（大写：_____）给予乙方，乙方根据本合同产品交货期限组织生产。

四、甲方责任
　　1. 安装产品前，甲方应提供安装该合同产品的合理条件，包括但不限于相关墙面与地面的找平处理工作，由于甲方墙面不平导致产品侧面与墙面出现轻微缝隙，不属于乙方产品质量问题。
　　2. 甲方应按照乙方提供的水、电、气等管道线路进行前期施工，否则对在安装过程中钻孔等操作导致的管道线路损坏等损失，乙方不承担责任。
　　3. 甲方应提供安装期间产生的水费、电费。
　　4. 如不能当日完工，则甲方应负责安装现场的保卫与消防工作，并需保护好现场板材与配件。

五、乙方责任
　　1. 乙方负责免费量尺、设计，乙方设计人员根据甲方实际空间及甲方的需求，科学合理地绘制平面图与效果图。
　　2. 乙方负责免费安装，在安装中应严格执行安装规范及质量标准，并需按期保质地完成工程。
　　3. 乙方安装时要保护好室内的原家具与陈设，要保证安装现场的整洁，完工后还需清扫施工现场。
　　4. 乙方需严格按照合同规定，为甲方提供生产合同的产品。

六、质量要求
　　1. 柜身、藤制品、铝型材、门板等系列产品因材料特殊，甲方做到产品外观与样品颜色、纹路近似即属于合格品。
　　2. 因安装预留尺寸等原因，乙方产品允许有0.5%的尺寸误差。
　　3. 在合同履行过程中，如遇工厂工艺变更，以新工艺加工，不另行通知。
　　4. 安装完毕，如实际尺寸与合同标注有误差，则应以实际尺寸为基准。
　　5. 本合同产品属甲方要求所定制产品，故定制后若非整体质量问题，乙方不接受整体退换。合同产品出现瑕疵（包括送货安装过程中发生的损伤），乙方负责对质量有瑕疵的部分进行返工维修，如返工维修后仍无法正常合理使用，则甲方可对该存在质量问题的部分要求退换。
　　6. 施工过程中甲方对乙方产品质量发生争议，甲方可到质量检测机构检测认证，并垫付相关费用，经检测认证产品质量符合合同约定的标准，认证过程支出的相关费用由甲方承担；产品如不符合标准，则费用由乙方承担，并负责赔偿甲方由于产品质量而造成的损失。

七、交货期延误
　　1. 对以下原因造成交货期延误，经甲方确认，交货期相应顺延，乙方不承担赔偿责任：
　　（1）工程量出现变化或设计出现变更、不可抗力及法定节假日造成货运及安装日期延后；

续表

（2）因气候或国家重大工程等原因所造成的交通不畅，导致货运延期，甲方同意交货期顺延的其他原因。
2. 因甲方未按照合同约定完成其应负责的工作而影响工期的，交货期顺延。
3. 因甲方原因影响工程质量的，返工费用由甲方承担，交货期顺延。
4. 因乙方责任不能按期完工，交货期不顺延。
5. 因乙方原因影响工程质量，返工费用由乙方承担，交货期不顺延。

八、验收、保修、维护
1. 安装完毕后甲方应及时验收。
2. 如安装使用后出现质量问题，则应按照乙方产品保修卡相关规定办理。
3. 甲方自备产品不在乙方保修范围内，乙方不承担因安装甲方自备产品而造成的任何质量问题。

九、违约责任
1. 合同双方当事人中的任一方因未履行合同约定，导致合同无法履行时，该方应及时通知另一方，办理合同终止手续，并由责任方赔偿对方的经济损失。
2. 合同签订后，如乙方原材料发生重大变化，造成本合同无法履行，则应在复尺日期后的____个工作日内通知甲方，不视为违约，超过____个工作日，则乙方将承担违约责任。
3. 未办理验收手续，甲方提前使用或擅自动用成品而造成损失的，由甲方自行负责；甲方在乙方安装好____个工作日内还未能办理验收手续，视为甲方验收合格。
4. 乙方应该按照合同约定为甲方提供优质的服务及合格的产品，以下责任由乙方向甲方提供违约赔偿：
（1）如因乙方原因导致不能按期交货的，则乙方应延期每日按合同总价的____‰作为违约金赔偿给甲方；如因乙方原因在交货日期超____个工作日未交货的，则甲方有权终止本合同，乙方除需按延误时间赔偿外，还需另外全额退还合同款。
（2）如乙方生产商出现生产质量问题，导致部分产品需进行更换的，或在运输途中丢失或工厂错发、漏发产品的，不计入交货期延误，但乙方应以该部分产品合同价值的____‰作为违约金赔偿给甲方。
（3）如因运输原因造成产品损坏，乙方应免费为甲方更换，但乙方不承担违约赔偿。
（4）如因甲方原因，在交货日期超过____工作日未提货，甲方需每日按照总金额的____‰作为保管费支付给乙方；如因甲方原因，在交货日期超过____工作日未提货，则乙方有权终止本合同，并可自行处置本合同产品，所收货款不予退还。

十、合同仲裁
1. 本合同双方发生争执，双方协商解决。
2. 如有重大分歧，且双方协商不成，则由乙方所在地区仲裁机构或人民法院仲裁。

十一、附加条款
1. _____
2. _____
3. _____

十二、附则
1. 本合同经甲、乙双方签字（盖章）后生效。
2. 本合同一式两份，甲乙双方各执一份。
3. 合同履行完毕后自动终止。

甲方签名（盖章）：   乙方签名（盖章）：
签名（盖章）时间：   签名（盖章）时间：

2.4.2 合同签订注意事项

在定制家具合同签订过程中，要仔细查看与定制家具细节相关的各项内容，包括产品信息、物料清单、预算报价单等，确保整份合同准确无误后方可签字，以防后续纷争。具体注意事项如下：

（1）标注家具信息。注明家具的材质、样式、尺寸、五金配件、环保级别（图2-8）等内容；注明五金件、电气设备、配件等品牌款式规格信息。

（2）建筑环境信息。注明横梁、立柱、门窗洞、管道等信息。

（3）工程量信息。注明家具安装与其他配套施工的工程量信息。

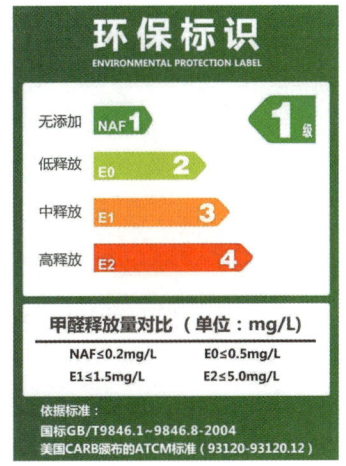

图2-8：优质品牌定制家具产品会对产品样本进行送检，由各地质量监督站进行检测后发放环保标识，产品出厂时会粘贴在产品主要板材或包装上。

图2-8 板材环保标识

本章小结

　　定制家具预算与成本的控制对于整个项目能否顺利进行至关重要。在拟定预算的过程中，务必全面评估自身需求与资金限制，科学合理地安排资金分配；在实际的装修施工中，要坚决遵循预算计划，严防资金超支。只有将预算与成本控制工作做到位，才能确保整个项目按计划推进，实现预期的装修效果。

课后练习

1. 简述影响定制家具预算的因素。
2. 概述定制家具价格计算方式。
3. 尝试为自己家厨房设计一套橱柜并绘制出轴测图。
4. 设计一套橱柜轴测图，考察实木材料市场，选择适合当地气候与物价状况的实木材料，根据这款实木材料定制橱柜报价表制作橱柜成本核算表。

第3章 定制家具软件应用

学习目标： 掌握云熙家具软件使用方法，能独立运用云熙软件进行定制家具设计。
学习难度： ★★☆☆☆
重点概念： 软件介绍、软件应用、制图、拆单

章节导读

定制家具生产与安装需依赖设计制作软件的协同作业。市面上有众多此类软件，部分企业甚至研发了专属定制的设计制作工具。得益于这些软件，定制家具的生产效率得以飞速提升，安装的完整性和精确度也显著提高（图3-1）。

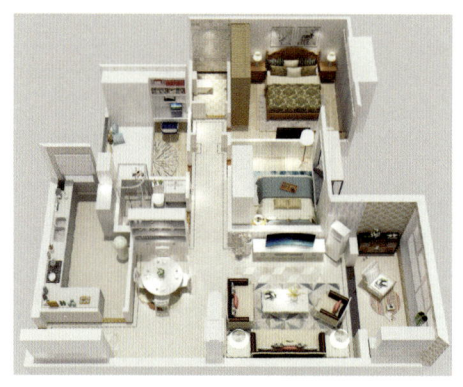

图3-1 定制家具全景鸟瞰效果图

图3-1：定制家具全景鸟瞰效果图可以让客户在未装修之前就能看到装修完成后的效果，更好地满足人们对居住环境的个性化需求。同时，全景鸟瞰效果图还可以帮助客户选择更适合自己的家具、墙面、地面、顶面的设计，更好地实现环境的协调统一。

3.1 设计软件介绍

3.1.1 常用设计软件

定制家具常用的设计软件较多，主要有云熙、圆方、数夫3D云设计等。

1. 云熙

云熙软件套装涵盖了生产与设计应用，兼容Win7、Win10、Win11等操作系统。用户可轻松塑造柜体造型，操作简单，并可生成模型场景，视觉效果出众。软件还具备卓越的生产功能，可自动生成开料单。其ERP生产管理系统简便实用，能够完美适应定制行业的快速发展（图3-2）。

2. 圆方

圆方软件是集设计、生产、管理、销售于一体的设计软件，主要包括虚拟现实平台、室内设计、

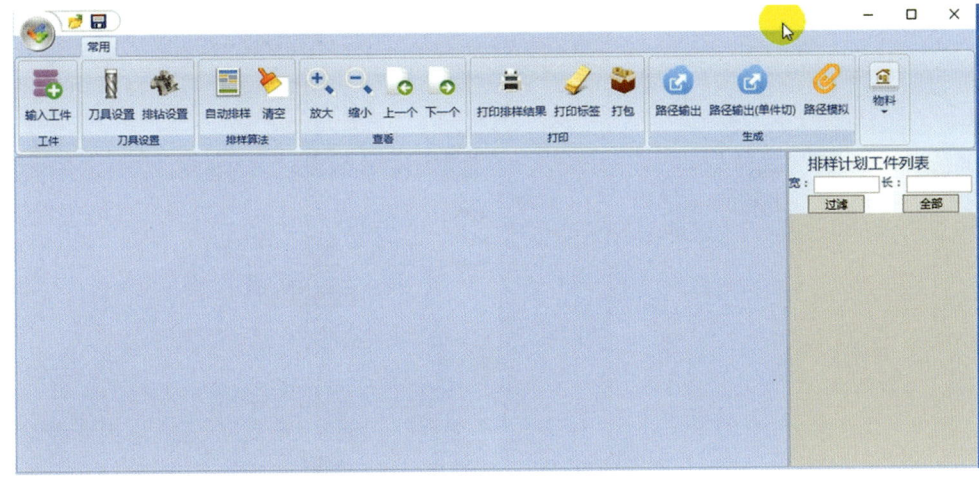

图3-2 云熙生产软件操作界面

图3-2：生产软件的试用版本有标准版、专业版之分，前者没有侧孔系统，后者有侧孔系统；生产软件的正式版本还可分为专业版、标准版、多头钻版、五面钻版、六面钻版，通常在生产软件的左下角会有区分。

室外设计等功能，不仅能任意造型，还能自动生成立面。

3. 数夫3D云设计

该软件能无缝对接其他设计软件，能对接工厂软件后端进行拆单、排产、生产、打包、组装等工作，同时能快速出图，精准报价，能以更直观、更真实的效果展示定制家具。

3.1.2 基础设置

下面以云熙设计软件为例，介绍定制家具软件的基础功能，该设计软件的设置选项主要包括常用、板件、孔位这三个部分。

1. 常用

（1）常用。涵盖个性化设置及数据格式设置，个性化设置负责用户名、语言的自定义，而数据格式设置则提供小数位数和长度单位的精确设定（图3-3）。

（2）保存。涵盖自动保存文档设定、数据文件保存位置设定以及客户订单信息设定。自动保存文档设定能够调整自动保存的间隔时间及文件保存位置；数据文件保存位置设定可设定家具数据文件的默认保存位置，以及拆单数据文件的默认保存位置（图3-4）。

2. 板件

（1）基本信息。包括板材尺寸设置、封边厚度设置、孔位与划槽设置（图3-5）。

①板材尺寸设置：用于设置长度（L）、宽度（W）、预留边距、柜体板厚度（T）、背板厚度（BT）的具体参数。

②封边厚度设置：用于设置厚边（A）封边、薄边（B）封边的具体参数。

③孔位与划槽设置：可自行选择是否要生成划槽或生成孔位。

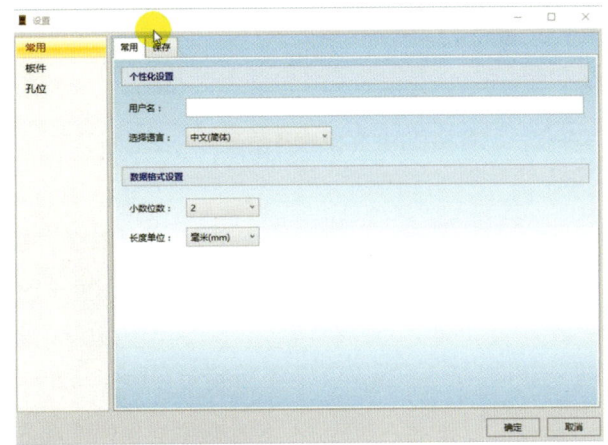

图3-3 常用-常用设置

图3-3：在常用设置中可设置用户名等基础内容，让软件与实际操作完全接轨。

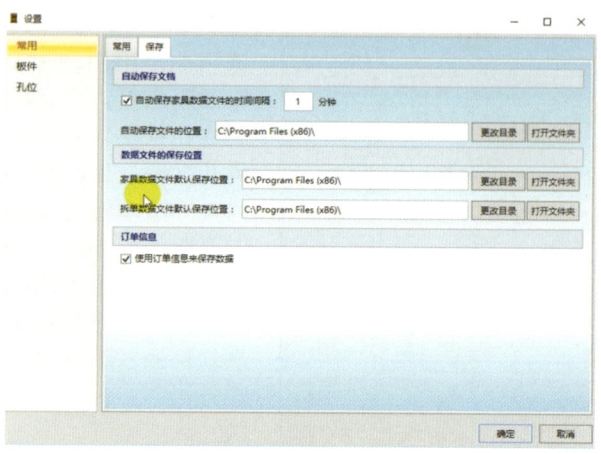

图3-4 常用－保存设置

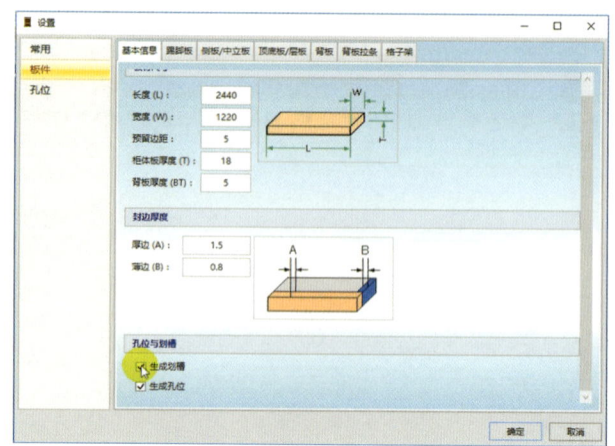

图3-5 板件－基本信息设置

图3-4：在保存设置中可设置保存到计算机中的位置，方便后续查找。

图3-5：设置板件的各项尺寸。

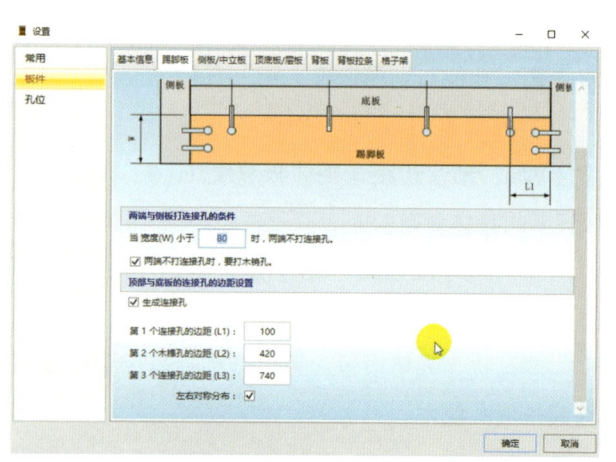

图3-6 板件－踢脚板设置

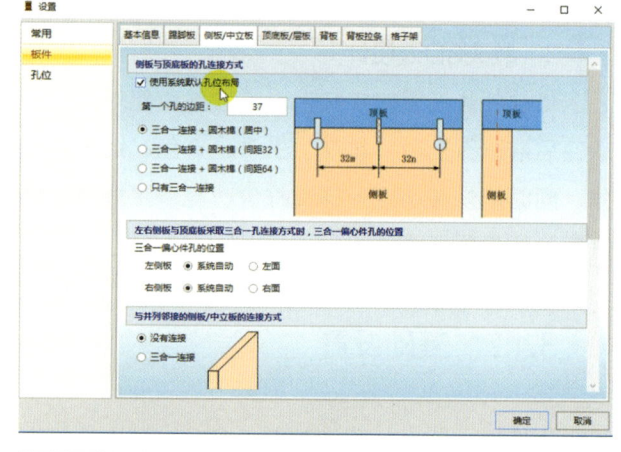

图3-7 板件－侧板/中立板设置

图3-6：设置踢脚板的各项尺寸。

图3-7：设置侧板/中立板的各项尺寸与三合一连接件的安装位置。

（2）踢脚板。包括两端与侧板打连接孔的条件设置；顶部与底板的连接孔的边距设置（图3-6）。

（3）侧板/中立板。包括侧板与顶底板的孔连接方式设置；左右侧板与顶底板采用三合一孔连接方式时，三合一偏心件孔的位置设置；与并列连接的侧板/中立板的连接方式设置；与拉条形成90°切角处的处理方式设置；上下端面与顶底层板打连接孔的条件设置（图3-7）。

（4）顶底板/层板。包括三合一孔连接方式设置；顶底板与侧板采取三合一孔件连接时，三合一偏心件孔的位置设置；与并列连接的顶底板/层板的连接方式设置；切角处是否与侧板生成孔连接设置（图3-8）。

（5）背板。包括盖板式背板与顶底板的连接方式设置；并列厚背板间的连接方式设置；内嵌式厚背板与侧立板和顶底板之间的连接方式设置；划槽式背板与侧板、顶底板之间的划槽加工参数设置（图3-9）。

（6）背板拉条。包括两端的连接方式设置；横向拉条与顶底板接触时的连接方式设置；背板加固条是否侧边开槽设置（图3-10）。

（7）格子架。主要是横板与竖版互嵌划槽的间隙的具体参数设置（图3-11）。

3. 孔位

（1）布局。设置孔位布局方案（图3-12）。

（2）打孔。设置系统自动生成孔位，包括抽屉打孔、门板打孔、配件打孔等（图3-13）。

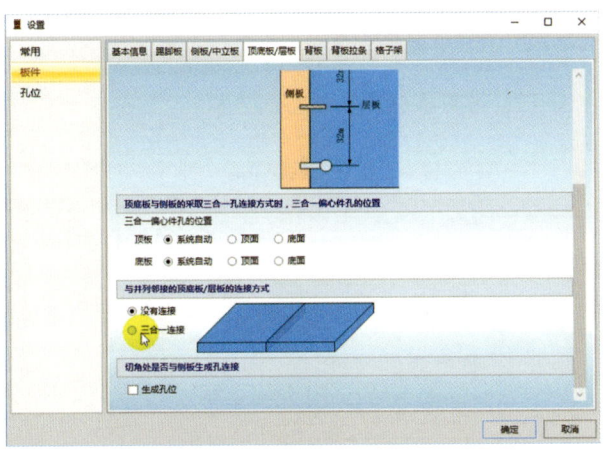

图3-8 板件-顶底板/层板设置

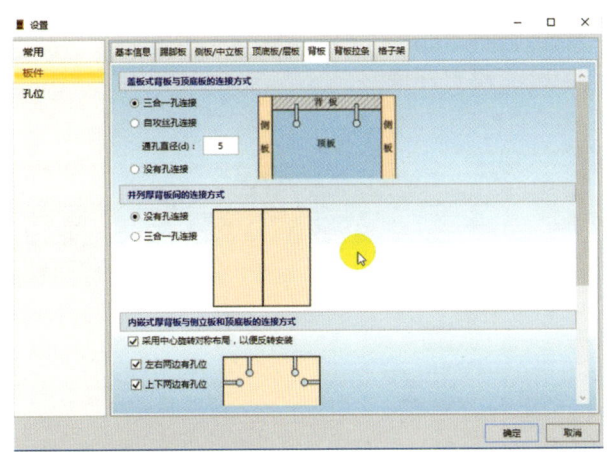

图3-9 板件-背板设置

图3-8：设置顶底板/层板的各项尺寸与三合一连接件的安装位置。

图3-9：设置背板尺寸与连接件安装方式。

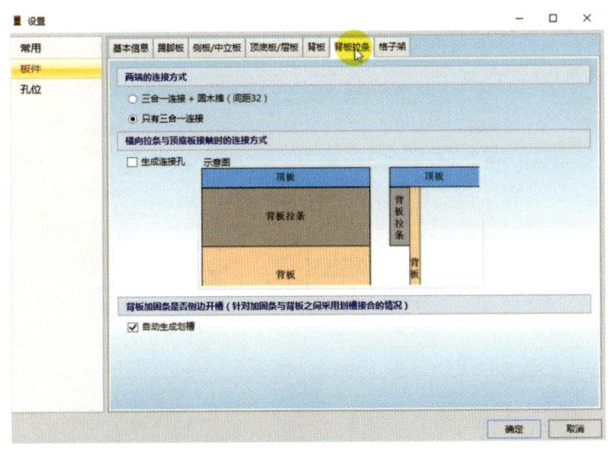

图3-10 板件-背板拉条设置

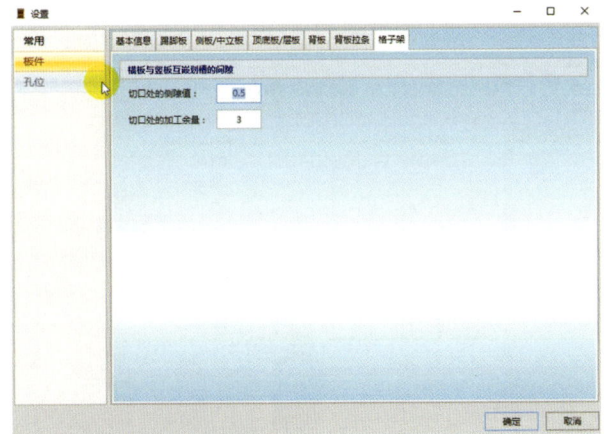

图3-11 板件-格子架设置

图3-10：设置背板拉条与连接件安装方式。

图3-11：设置格子架参数。

（3）三合一连接件。设置三合一连接件的尺寸参数，包括偏心件孔尺寸参数设置、连接杆孔尺寸参数设置、圆木榫定位孔尺寸参数设置、预埋孔尺寸参数设置（图3-14）。

（4）二合一连接件。设置二合一连接件的尺寸参数，包括偏心件孔尺寸参数设置、预埋孔尺寸参数设置（图3-15）。

（5）活动层板销。设置活动层板销的尺寸参数，包括预埋孔尺寸参数设置、位置参数设置（图3-16）。

（6）螺钉连接。

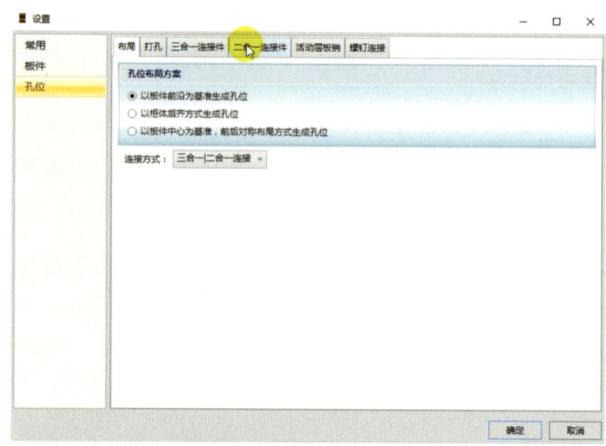

图3-12　孔位－布局设置

图3-12：设置板料的孔位布局方案。

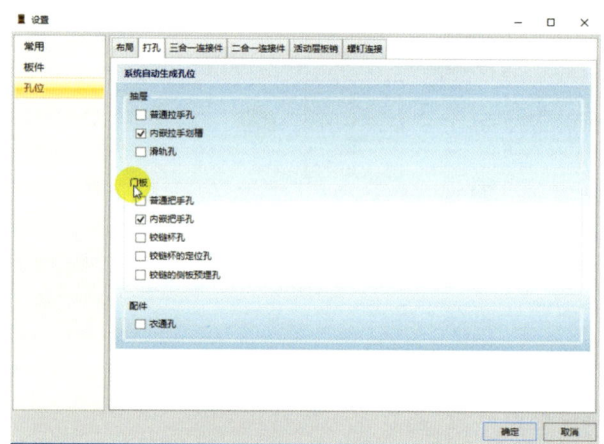

图3-13　孔位－打孔设置

图3-13：设置打孔孔位与形式。

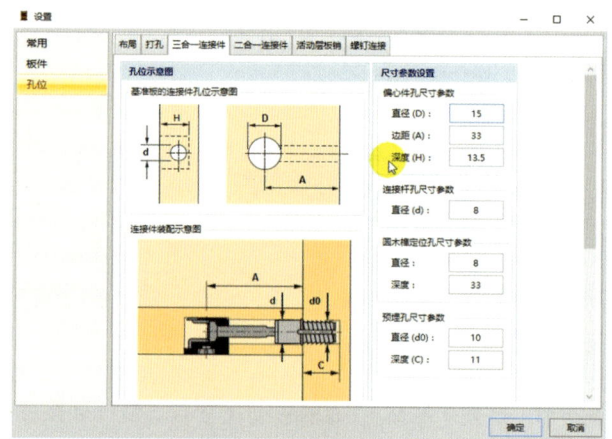

图3-14　孔位－三合一连接件设置

图3-14：设置三合一连接件的各项参数。

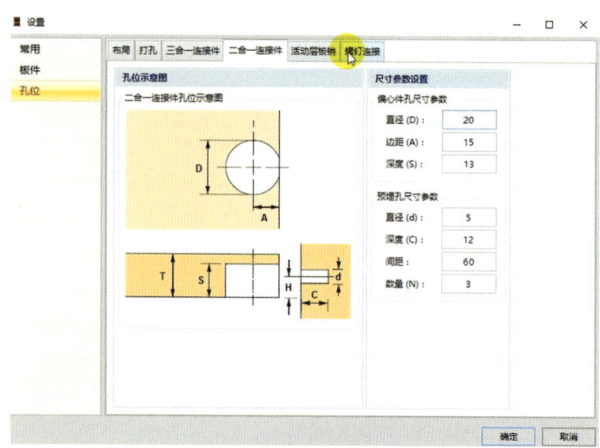

图3-15　孔位－二合一连接件设置

图3-15：设置二合一连接件的各项参数。

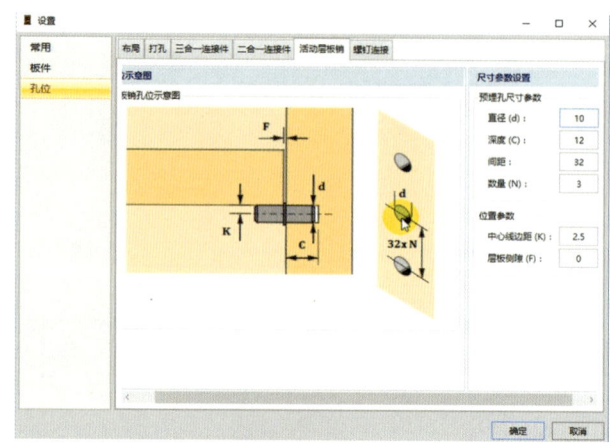

图3-16　孔位－活动层板销设置

图3-16：设置活动层板销的各项参数。

3.2 设计软件应用

下面以采用云熙软件设计定制基础柜、异形柜、组合柜为例，介绍定制家具设计软件的应用流程。

3.2.1 定制衣柜基础柜

1. 订单建立

确定经销商名、订单编号、订单名称、订单类型、订单套数、订货日期、交货日期、客户姓名、客户联系电话、客户地址、柜体材质等相关信息，并点击确定（图3-17）。

2. 选择柜体类型

（1）确定衣柜柜体类型，输入基本参数，设计衣柜柜体的宽度（W）为1600mm；深度（D）为600mm；高度（H）为2200mm；柜体厚度（T）为18mm；背板厚度（B）为18mm（图3-18）。

（2）确定好基础参数，设计衣柜踢脚板的高度（H）为80mm；边距（D）为5mm，至此衣柜的框架初步创建完成（图3-19）。

3. 添加柜体结构板

（1）点击"加立板"为衣柜添加中立板；点击"自定义"为衣柜添加背板，设计衣柜背板厚度为18mm，边距设置为10mm，数量设置为1（图3-20）。

（2）点击"加层板"为衣柜添加层板，在"参数－空间"面板下，设计宽度为773mm，先在柜体左侧上部增加层板，锁定上部空间，高度为400mm；再在柜体右侧中间位置增加层板，最后再在柜体左侧下半部分中间位置增加层板，锁定下部空间，高度为400mm（图3-21）。

4. 调整柜体板件

选择中立板和层板，在"参数－板件"面板下，进行缩进操作，缩进值为100mm。

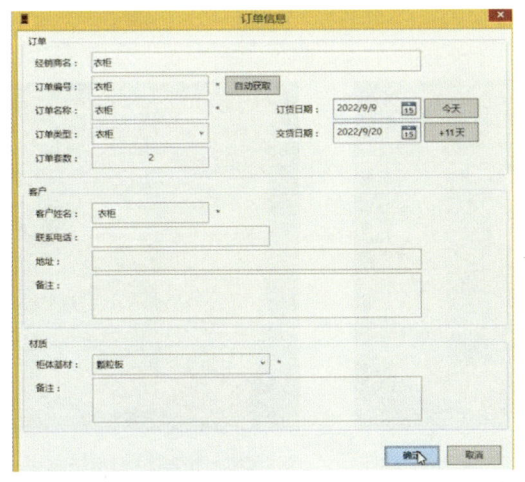

图3-17 建立订单信息

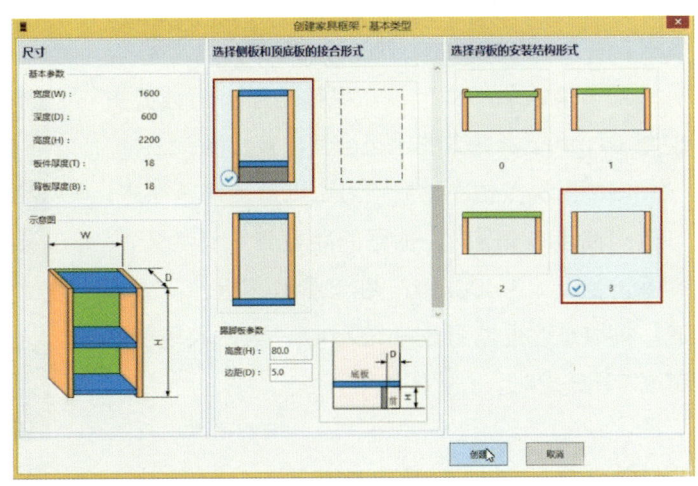

图3-18 设置衣柜柜体参数

图3-17：建立订单信息是给订单建立档案，明确家具的属性，方便后期安装实施。

图3-18：选择衣柜类型并设计衣柜的基础尺寸。

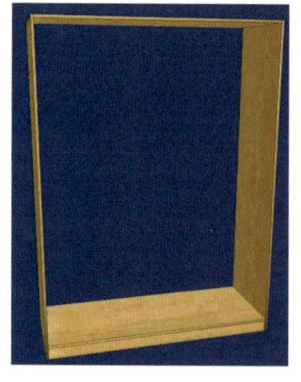   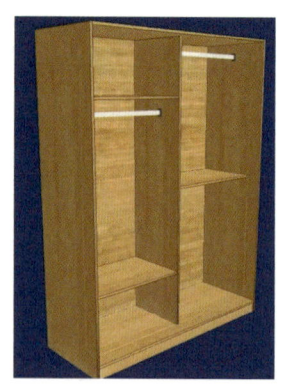

图3-19　柜体框架基本创建完成　　图3-20　衣柜柜体添加中立板和背板　　图3-21　衣柜添加层板　　图3-22　衣柜添加衣通

图3-19：选择柜体侧板和顶底板的接合形式，柜体背板的安装结构形式，设置踢脚板的高度。

图3-20：给衣柜框架增加背板，形成围合箱体构造。

图3-21：根据设计要求给衣柜增加竖向与横向隔板。

图3-22：根据设计要求增加衣通，并设计安装位置。

5. 添加衣通

点击"衣通"为衣柜添加合适的衣通，设计衣通高度为100mm，深度为300mm，勾选"深度居中"，预埋孔孔径为5mm，孔深为6mm（图3-22）。

6. 添加抽屉

（1）点击"抽屉"为衣柜添加合适的抽屉，设计为格子抽，将抽屉面板高度设计为60mm，抽屉面板缩进值更改为102mm，并将其拖动至合适位置。

（2）继续添加裤架抽，将抽屉面板缩进值更改为102mm，并将其拖动至合适位置（图3-23）。

（3）再次点击"抽屉"为衣柜添加普通抽屉，勾选"高度自适应"，抽屉间距数量设计为2个，侧板长度设计为400mm，在"参数-板件"面板下，将抽屉缩进值更改为102mm，至此衣柜制作完成（图3-24）。

3.2.2　定制玄关异形柜

1. 订单建立

确定经销商名、订单编号、订单名称、订单类型、订单套数、订货日期、交货日期、客户姓名、客户联系电话、客户地址、柜体材质等相关信息，并点击"确定"。

2. 选择柜体类型

（1）确定玄关柜柜体类型，确定之后输入基本参数，设计玄关柜柜体的宽度（W）为1200mm；深度（D）为400mm；高度（H）为2100mm；柜

图3-23　衣柜添加格子抽和裤架抽　　图3-24　定制衣柜设计完成

图3-23：根据设计要求给衣柜增加格子抽和裤架抽。

图3-24：根据设计要求增加抽屉，并设计安装位置。

体厚度（T）为18mm；背板厚度（B）为5mm。

（2）确定好基础参数，选择柜体侧板和顶底板的接合形式、柜体背板的安装结构形式，设计玄关柜柜体背板的安装结构形式为空白形式（图3-25）。

3. 添加柜体结构板

（1）点击"加层板"为玄关柜下层结构添加层板，在"参数–空间"面板下，将宽度设置为1200mm，锁定下部空间，并将高度设置为850mm。

（2）点击"自定义"面板，在"立板"选项中为玄关柜下层结构依次添加左侧板→右侧板→中立板，并锁定右侧空间，将宽度设置为770mm（图3-26）。

（3）在"层板"选项中为玄关柜下层结构逐一添加底板，间距自定义为80mm；在"踢脚板"选项中逐一添加踢脚板，加固拉条数量为0，踢脚

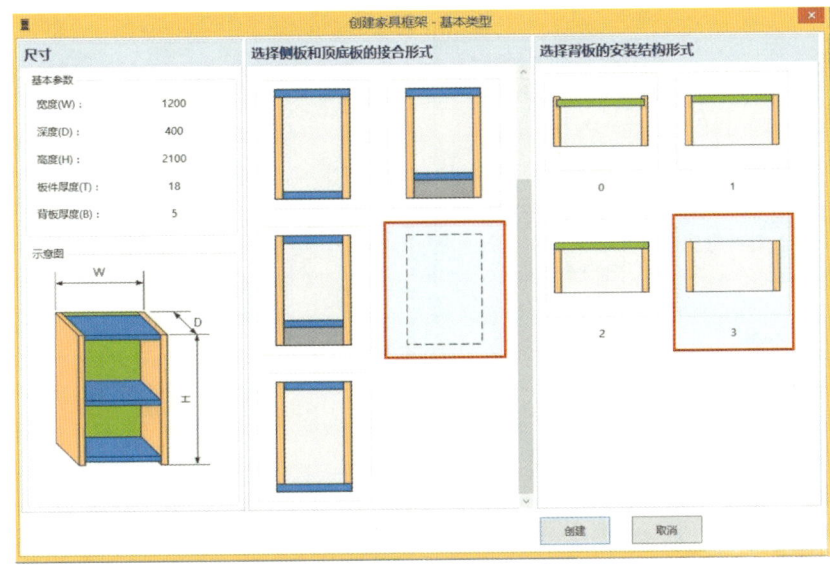

图3-25：设计玄关异形柜基本参数尺寸，设置板材的接合形式与安装结构形式。

图3-25 设置玄关柜柜体参数

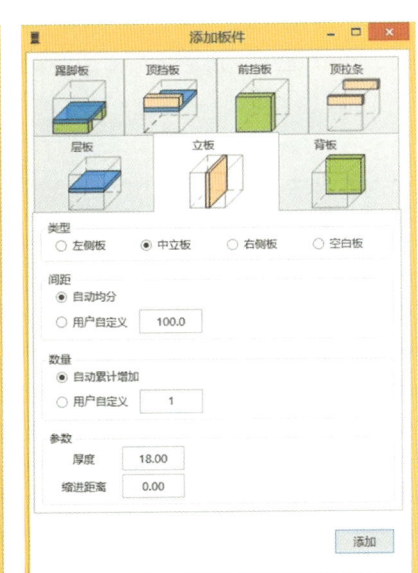

图3-26 下层结构依次添加左侧板、右侧板、中立板的相关参数

图3-26：在添加板件中选择立板，分别设置立板的不同类型与相关数据。

板边距（D）设置为2mm。

（4）点击玄关柜下层结构右侧部分，在"自定义"面板下，为柜体添加背板，并选择合适的接合样式，边距为0mm（图3-27）。

（5）点击"门"，为玄关柜下层结构右侧部分添加门板，设计为双开门，并点击"隐藏门"（图3-28）。

（6）点击"加层板"，为玄关柜下层结构右侧部分添加层板，在"参数-板件"面板下设置缩进值为20mm。

（7）点击"加立板"，为玄关柜下层结构左侧部分添加中立板。

（8）点击"加层板"，为玄关柜下层结构左侧部分继续添加合适数量的层板（图3-29）。

 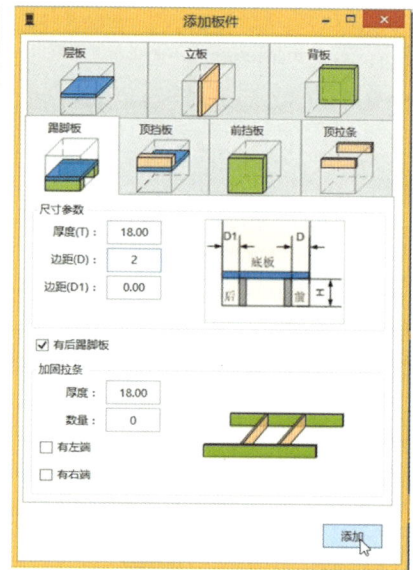 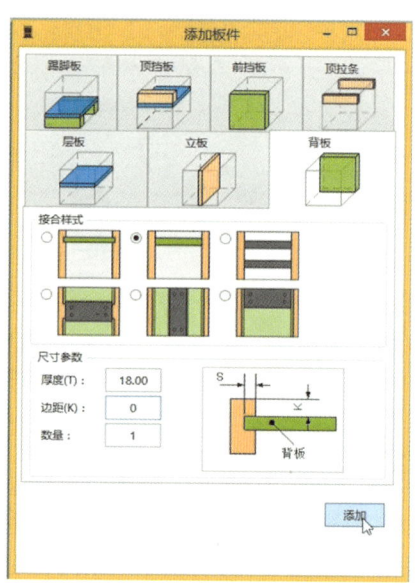

图3-27　下层结构添加底板、踢脚板、背板的相关参数

图3-27：在添加板件中继续添加各种板材，分别设置这些板材的不同类型与相关数据。

图3-28：给柜体添加门，并设置门的布局、参数与样式。

图3-29：根据设计要求在柜体中添加层板。

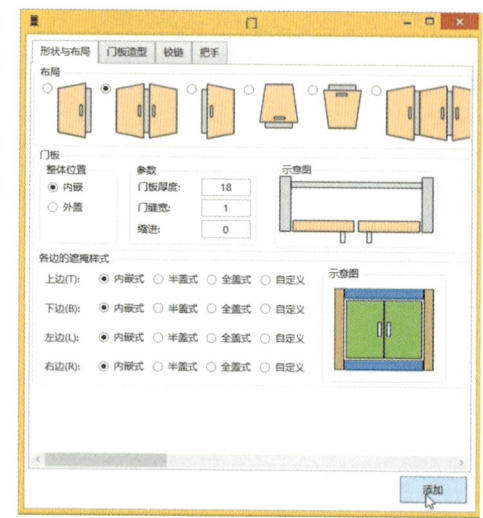

图3-28　添加门板

图3-29　下层结构添加中立板和层板

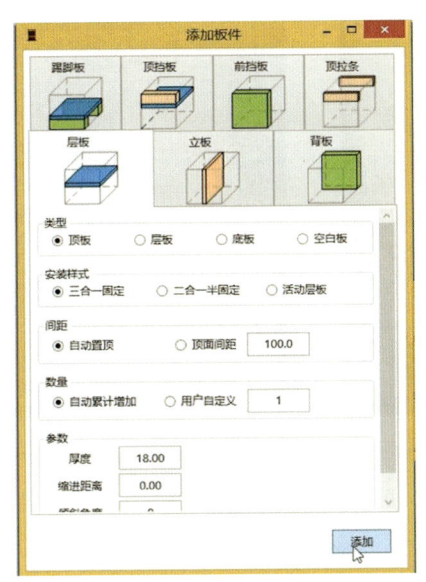  

图3-30 上层结构添加顶板、右侧板、中立板的相关参数

图3-30：在添加板件中设置上层板结构，选择板材的不同类型与相关数据。

（9）在"自定义"面板下，在"层板"选项中为玄关柜上层结构添加顶板，在"立板"选项中为玄关柜上层结构依次添加右侧板→中立板，并锁定右侧空间，将宽度设计为375mm（图3-30）。

（10）点击"加层板"，为玄关柜上层结构右侧添加层板，锁定上层空间，将高度固定为200mm（图3-31）。

（11）点击"加层板"，为玄关柜上层结构左侧添加两块层板；点击玄关柜上层结构的中立板，在"参数－板件"面板下，将偏移值改为0mm，上延值设计为-218mm（图3-32）。

（12）点击玄关柜上层结构右侧的第一块层板，在"参数－板件"面板下，将左延值设计为18mm；点击玄关柜上层结构左侧的第二块层板，在"参数－板件"面板下，将左延值设计为-80mm；点击玄关柜上层结构左侧的第一块层板，在"参数－板件"面板下，将左延值设计为-160mm；点击玄关柜顶板，在"参数－板件"面板下，将左延值设计为-240mm（图3-33）。

（13）点击"加立板"，为玄关柜上层结构左侧部

 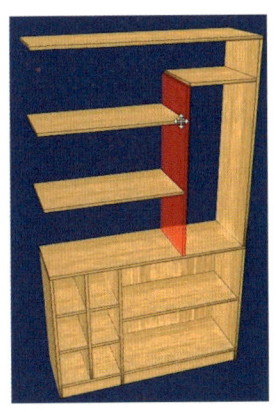

图3-31 上层结构添加板件　　图3-32 上层结构板件修改完成

图3-31：在柜体上层结构中添加竖向板件。

图3-32：修改上层竖向板材尺寸，并继续添加横向隔板。

分添加中立板，在"参数－空间"面板下，锁定左侧空间，选择第二个层板下方的立板左侧，将"参数－空间"面板中的宽度设计为150mm；选择第一个层板下方的立板左侧，将"参数－空间"面板中的宽度设计为230mm；选择顶板下方的立板左侧，将"参数－空间"面板中的宽度设计为310mm（图3-34）。

 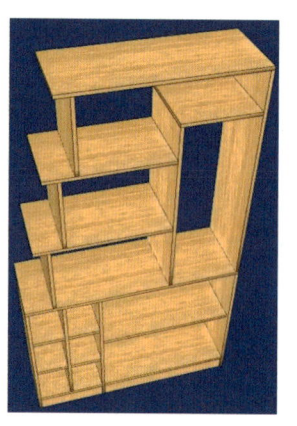  

图3-33 上层结构层板、顶板修改完成　　图3-34 上层结构立板修改完成　　图3-35 上层结构添加后背板　　图3-36 上层结构层板形状编辑完成

图3-33：在柜体上层结构顶部继续添加横向板件作为顶板。

图3-34：继续在上层柜体中添加板件形成竖向支撑构造。

图3-35：在柜体上层结构中添加背板并设置好尺寸。

图3-36：对横向隔板编辑修改，让矩形板材变为圆角造型。

（14）在"自定义"面板下，在"背板"选项中为玄关柜上层结构左侧部分依次添加后背板，厚度设计为18mm，边距为191mm（图3-35）。

（15）点击"加层板"，为玄关柜上层结构右侧下部分添加层板，并删除左侧添加的立板；选择玄关柜上层结构的两块层板和顶板，在"参数－板件"面板下点击"编辑形状"选项，选择"圆角矩形"，设置R1为200mm，R2为200mm（图3-36）。

（16）选择玄关柜上层结构左侧的后背板，点击"编辑形状"选项，选择"导入DXF图形－生成轮廓线的DXF基础文件"，将其保存至桌面，再选择"导入DXF图形－导入DXF文件"选择所需的"上"DXF文件，剩余两块后背板重复上述操作，并选择所需的"下"DXF文件，点击"显示门"显示下层结构的门板（图3-37～图3-39）。

（17）点击"视图－板件纹理"为玄关柜上层

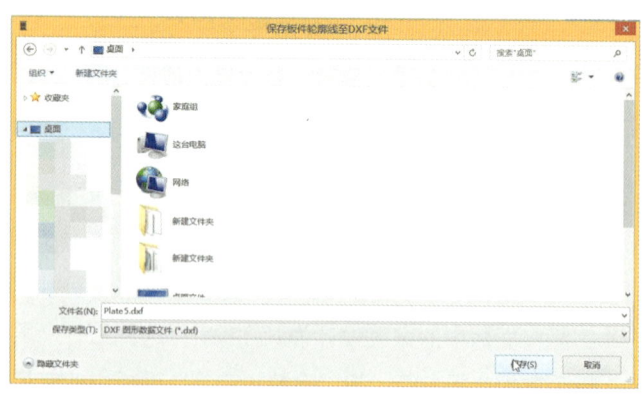 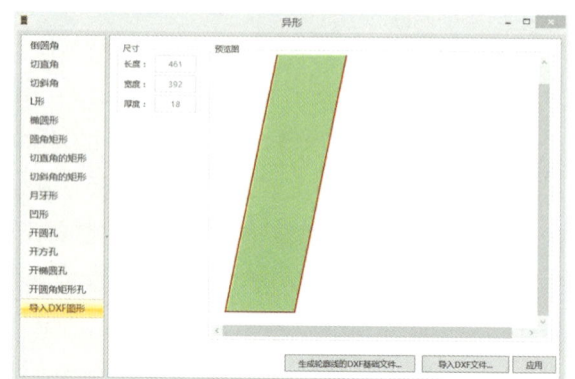

图3-37 保存DXF文件至桌面　　图3-38 导入DXF文件

图3-37：将玄关柜上层结构左侧的后背板保存至桌面。

图3-38：将DXF文件导入模型文件中。

第 3 章
定制家具软件应用

图3-39 上层结构后背板形状编辑完成

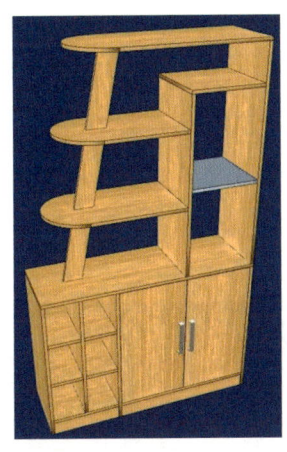
图3-40 定制玄关柜设计完成

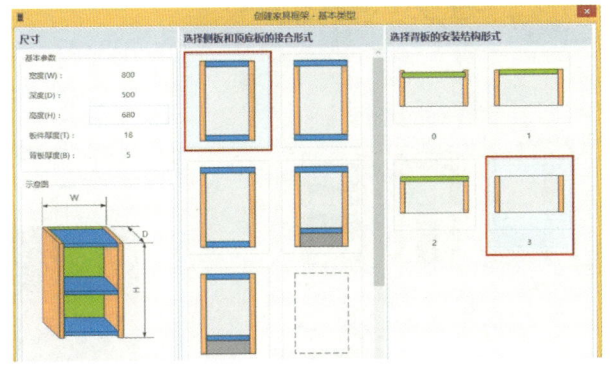
图3-41 设置基础数据

图3-39：完成上层板件编辑造型后，显示出全部上层板件。

图3-40：将中央横向隔板的材质改为玻璃。

结构右侧的第二块层板附上玻璃材质，至此，玄关柜制作完成（图3-40）。

图3-41：为新建柜体设置柜体尺寸、板件接合形式与背板安装结构形式。

图3-42 新建柜体完成

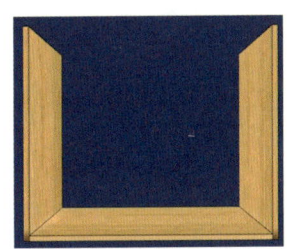
图3-43 删除顶板

3.2.3 定制组合橱柜

1. 新建柜体

根据设计图纸选择合适的柜体类型，确定好侧板与顶底板的接合形式，以及背板的安装结构形式，并将宽度设置为800mm，深度为500mm，高度为680mm，板件厚度为18mm，背板厚度为5mm（图3-41、图3-42）。

2. 删除顶板

点击"自定义"，为第一个柜体添加顶拉条，并选择合适的布局样式；添加背板，并选择合适的接合方式（图3-43～图3-45）。

3. 更改背板数据

选中背板，在参数修改界面将板件上延值改为80，点击"应用"（图3-46）。

4. 添加"门"

点击"门"，设置门的开合形式为双开门，整

图3-42：新建柜体结构完成，形成柜体基础框架造型。

图3-43：删除顶板，后期安装时供铺装石材。

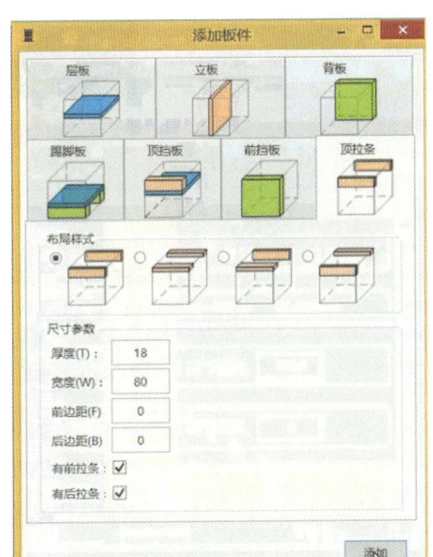

图3-44：给柜体框架添加顶拉条板材，并设置参数。

图3-44 添加顶拉条

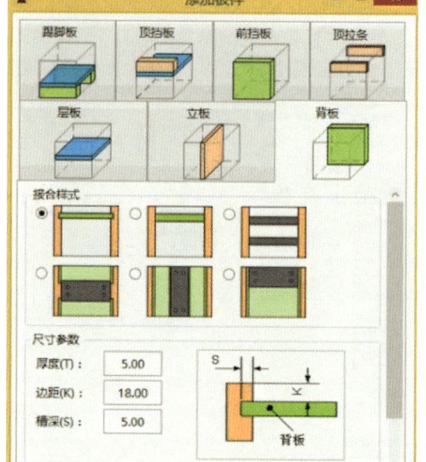

图3-45：给柜体框架添加背板板材，并设置参数。

图3-46：更改背板数据，让背板与柜体框架相适应。

图3-47：给柜体添加门，并设置门的布局、参数与样式。

图3-48：删除柜门上部遮掩板件，完成柜门添加。

图3-49：更改中间隔板的属性，变为活动隔板。

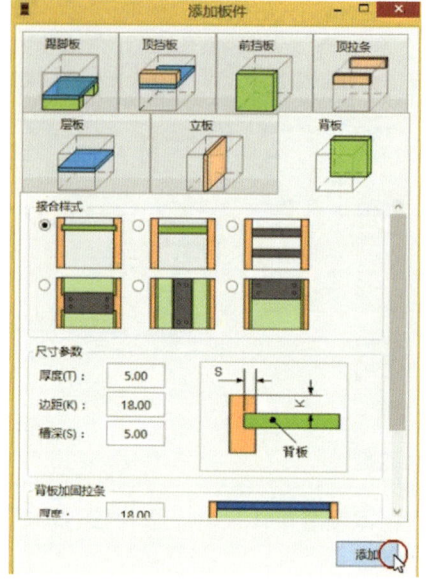

图3-45　添加背板　　　　　图3-46　更改背板数据

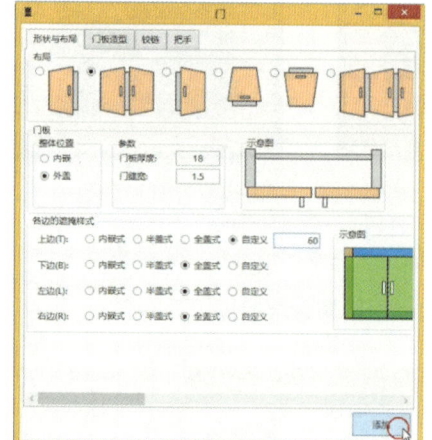
图3-47　设置门数据

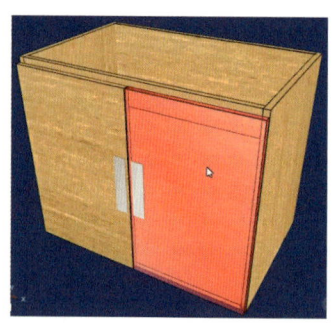
图3-48　添加柜门完成

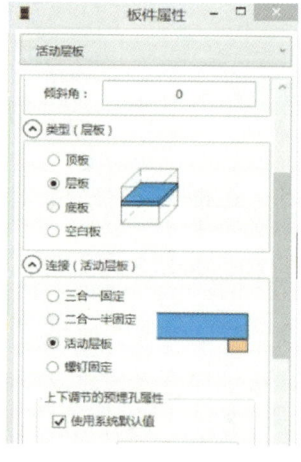
图3-49　更改板件属性

体位置改为外盖，上边遮掩样式改为自定义，然后删除上边遮掩板件，将上边遮掩参数改为60，点击"隐藏门"（图3-47、图3-48）。

5. 更改板件属性

选择柜体中间隔板，点击"修改属性"，将其连接（活动层板）样式由三合一固定改为活动层板，并应用（图3-49）。

6. 复制粘贴柜体

选择右侧板，在"布局"面板下，选择"复制柜体""粘贴柜体"，从而获取完全相同的柜体，选择第二个柜体的右侧板，选择"复制柜体""粘贴柜体",获取第三个柜体,删除第三个柜体的门板与中间隔板(图3-50)。

7. 添加抽屉

点击"抽屉",为第三个柜体选择外盖式普通抽屉,设置上边间隙值为60,下边间隙值为16,左边间隙值为16,右边间隙值为16,抽屉间距为1.5,抽屉数量为2,勾选高度自适应,并将抽屉侧/后板高度设为180,点击"添加"(图3-51)。

8. 添加新柜体

选中第三个柜体的右侧板,在"布局"面板下,点击"添加新柜体",根据设计图纸选择合适的柜体类型,确定好侧板与顶底板的接合形式,以及背板的安装结构形式,并将宽度设置为1350(图3-52、图3-53)。

9. 更改第四个柜体参数

删除第四个柜体的上顶板,选中其底板,将其柜体角度改为-90°,应

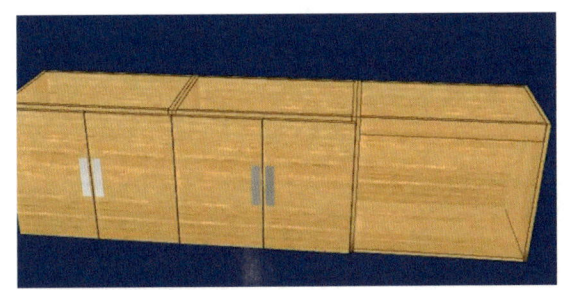

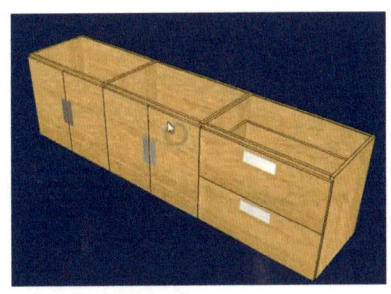

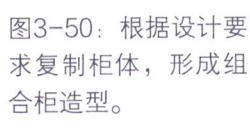

图3-50:根据设计要求复制柜体,形成组合柜造型。

图3-51:给柜体添加抽屉并设置尺寸。

图3-50 复制粘贴柜体

图3-51 添加抽屉

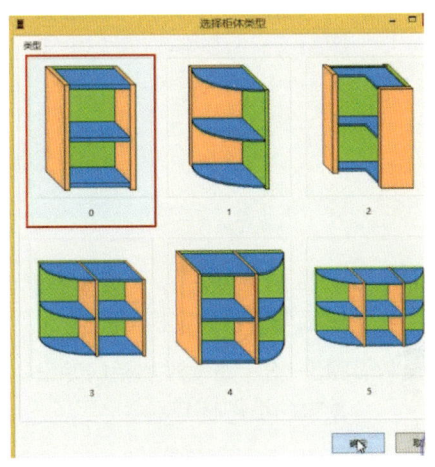

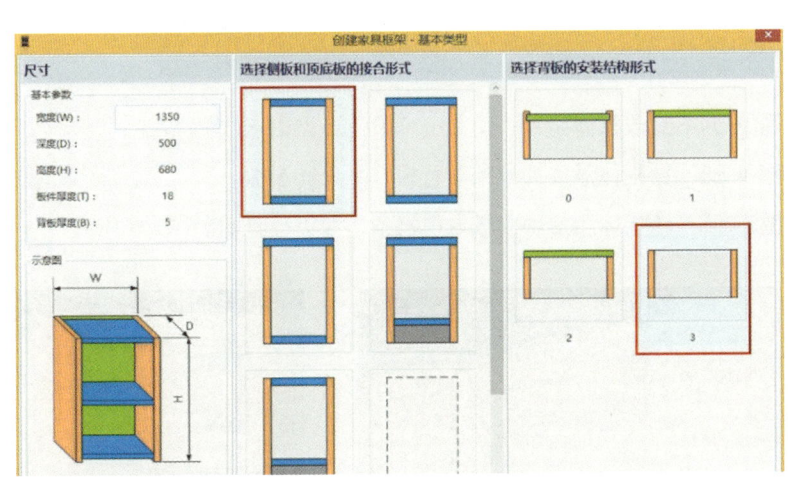

图3-52 柜体类型设置

图3-53 柜体板件形式设置

图3-52:设置柜体类型,选择合适的样式。

图3-53:为新建柜体设置柜体尺寸、板件接合形式与背板安装结构形式。

用；柜体Y值改为-500，应用；再将柜体Y值改为500，应用（图3-54）。

10. 为第四个柜体添加顶拉条与背板

选中第四个柜体的底板，点击"自定义"，添加顶拉条，并选择合适的布局方式；添加背板，并选择合适的背板接合方式，选中右侧板，将上延值改为80，应用（图3-55）。

11. 为第四个柜体添加中立板与前挡条

拖动第四个柜体的中立板，锁定左移空间方向，将宽度改为514，应用；选中中立板，将其偏移值改为18，应用；选中中立板，将柜体X值改为2420，应用；添加前挡板，并选择合适的接合样式（图3-56）。

12. 更改中立板参数并添加"门"

选择紧贴第三个柜体的第四个柜子的侧板，将板件上延值改为-10，应用；点击"门"，选择双开门，设置右边遮掩样式为内嵌式；选择中立板，将偏移值改为0，后延值改为-397，应用；删除靠近外侧的门板，点击"门"，选择双开门，设置右边遮掩样式为全盖式，左边遮掩样式为内嵌式（图3-57、图3-58）。

13. 添加第五个柜体

选择第一个柜体的底板，在"布局"面板下，点击"添加新柜体"，根据设计图纸选择合适的柜体类型，并确定好侧板与顶底板的接合形式，以及背板的安装结构形式，将深度设置为300（图3-59）。

14. 柜体对齐

同时选中第一个柜体的侧板，与第五个柜体的侧板，在"布局"面板下，选择"背部对齐"（图3-60）。

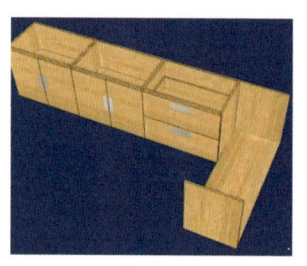
图3-54 更改柜体参数

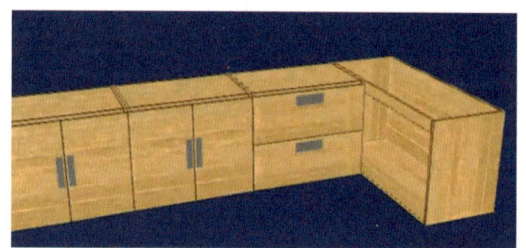
图3-55 添加顶拉条、背板

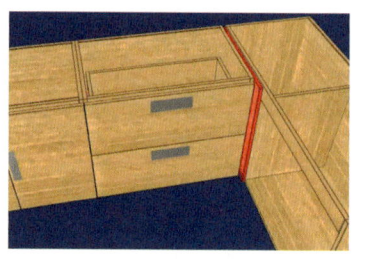
图3-56 添加中立板、前挡条

图3-54：更改柜体参数，使之符合设计造型需求。

图3-55：给柜体添加顶拉条与背板，并设计参数。

图3-56：给柜体添加中立板与前挡条，并设计参数。

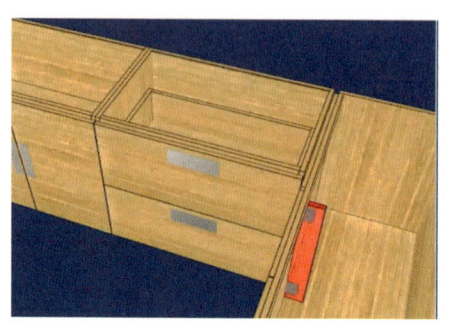
图3-57 更改中立板参数

图3-58 添加门

图3-57：更改中立板参数，使之与柜门高度相当。

图3-58：继续添加柜门并设置柜门造型样式。

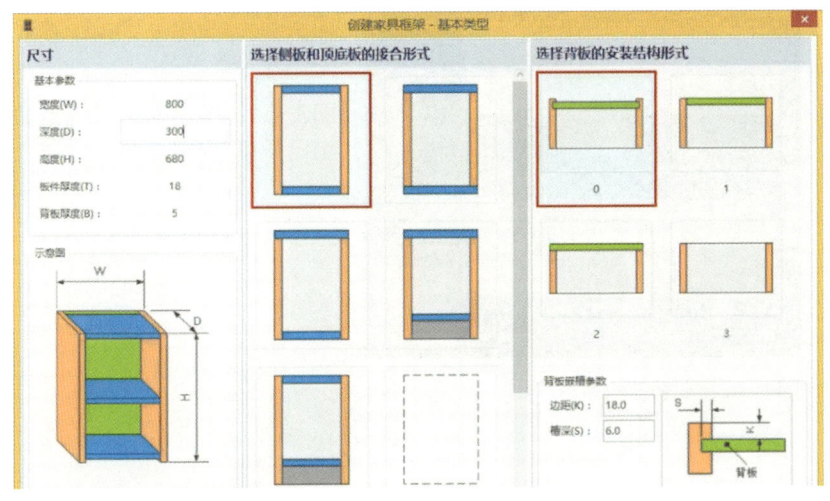

图3-59 添加第五个柜体

图3-59：继续添加上部第五个柜体，设置柜体类型，选择合适的样式。

图3-60：新建的柜体背部与地柜对齐。

图3-61：对上部吊柜进行复制，获得上部三个吊柜。

图3-62：给第七个吊柜添加柜门并设置参数。

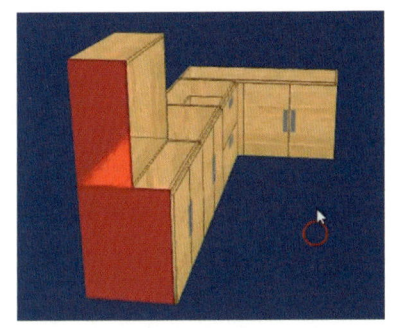

图3-60 柜体背部对齐

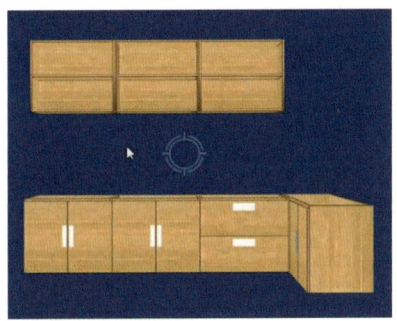

图3-61 柜体复制

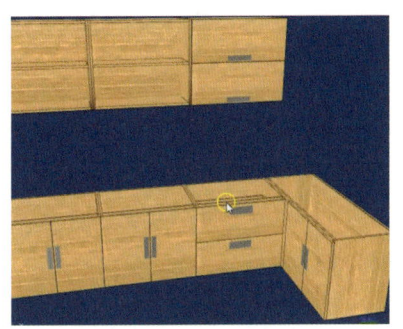

图3-62 给第七个柜体添加门

15. 更改参数与复制柜体

选择第五个柜体的左侧板，将柜体Z值改为1500，应用；选择第五个柜体的背板，点击"加层板"，添加层板；选择第五个柜体的右侧板，在"布局"面板下，选择"复制柜体""粘贴柜体"，获得第六个柜体，重复一次上述动作，获得第七个柜体（图3-61）。

16. 为第七个柜体添加"门"

选中第七个柜体的面板，点击"门"，为第七个柜体选择上开门，设置门板位置为外盖，并将上层门板的下边遮掩样式改为半盖式，其他不变；下层门板的上边遮掩样式改为半盖式，下边遮掩样式改为全盖式，其他不变（图3-62）。

17. 为第五个柜体添加"门"

选中第五个柜体的面板，点击"门"，为第五个柜体选择上开门，将下层门板的上边遮掩样式改为半盖式；上层门板的上边遮掩样式改为全盖式，下边遮掩样式改为半盖式，门板整体位置为外盖（图3-63）。

18. 定制橱柜设计完成

删除第六个柜体的隔板，点击"门"，为其添加双开门，设置门板整体位置为外盖，上、下、左、右边遮掩样式均为全盖式；点击"隐藏门"，为第六个柜体添加层板，再点击"显示门"，至此，定制橱柜设计完成（图3-64）。

图3-63 第五个柜体添加门

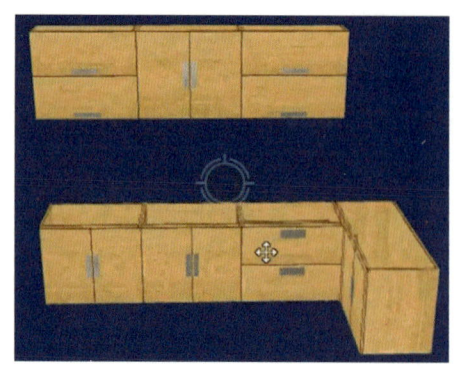
图3-64 定制橱柜设计完成

图3-63：给第五个吊柜添加柜门并设置参数。

图3-64：给第六个吊柜添加柜门并设置参数。

3.3 定制家具设计拆单

拆单是定制家具生产必经的一项流程，拆单数据的准确性关乎定制家具产品生产的完整性和稳定性。

3.3.1 开料单编制

开料单是定制家具产品进行拆单操作的重要参考资料，在裁板之前一定要确保开料单上各项数据正确。

1. 影响开料单编制的因素

（1）定制产品的尺寸。结构尺寸对最后呈现出来的数据有一定的影响，裁板尺寸需以设计尺寸为参考根据。

（2）开孔个数。这决定了定制产品最终所需的螺钉数。

（3）市场价格。应当定期更新材料单价，紧跟市场步伐。

2. 开料单编制步骤

开料单主要编制步骤如图3-65所示。

3.3.2 导出物料清单

物料清单是制作定制家具产品预算的重要依据，下面主要以云熙软件为例，讲解如何制作定制家具产品的物料清单，这些物料清单也是拆单的重

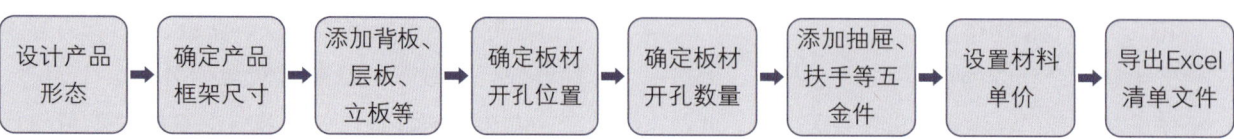
图3-65 开料单编制步骤

图3-65：在制作产品开料单时，我们需要根据制品的外形来估算所需的板材面积以及五金件的数量。此外，我们还需根据市场价格来确定各种原材料的单价，从而制定出一份详尽无遗的材料清单。

要参考资料。

1. 设定

按照"Template – BOMTemplate.xlsx"目录中的物料模板的形式设置板材的厚度、单价以及五金件的单价，也可在此模板中修改单价，这些参数是物料清单中的重要数据（图3-66、图3-67）。

2. 导出

（1）定制家具产品制作完成后即可更新孔槽，这样既可检查软件的孔位，也可在物料清单中对应产生五金件的相关参数。

（2）点击清单表选项，软件会出现清单表，选择"导出Excel清单文件"，导出物料清单，保存至桌面（图3-68）。

（3）软件显示"成功导出物料清单！"，点击"确定"，将直接进入Excel软件操作界面（图3-69、图3-70）。

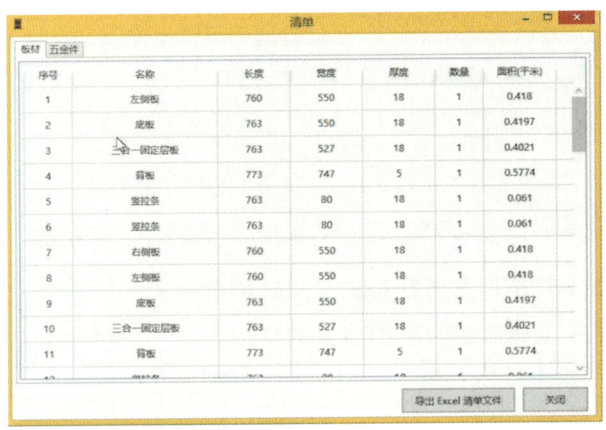

图3-66　板材清单　　　　　　　图3-67　五金件清单

图3-66：板材清单详细列出各种不同类型的板材，包括侧板、底板、层板、背板以及拉条等。我们会根据这些板材的尺寸，精确计算出所需的板材面积以及种类，进而得出一份精确的物料清单。

图3-67：五金件清单在物料表中有着举足轻重的地位。尽管它们仅作为辅助材料出现，但作为板材连接的关键部件，五金件的重要性不容忽视。为了确保物料表的准确性，我们需要根据五金件的功能特性、材质以及工艺要求来确定五金件的数量和项目，从而精确地编制出完整的物料清单。

图3-68　导出物料清单

图3-68：需要创建一个完整的文件名，便于后续查找和识别。文件名可以设置为"演示.xlsx"。记住熟悉的文件路径。为了便于管理，可以将文件保存在一个专门的文件夹中，如"我的文档"或"桌面"。

序号	工件名称	成型尺寸(mm)				m²	封边长度(米)		单价	金额
		长度	深度	厚度	数量		厚封边	薄封边		
1	**演示-柜体0101**	**800**	**550**	**760**	**7**					
1	左侧板	760	550	18	1	0.42	0.76	1.86	110	45.98
2	底板	763	550	18	1	0.42	0.763	1.863	110	46.16
3	三合一固定层板	763	527	18	1	0.40	0.763	1.817	110	44.23
4	背板	773	747	5	1	0.58	0	0	78	45.04
5	竖拉条	763	80	18	2	0.12	0	1.686	110	13.43
6	右侧板	760	550	18	1	0.42	0.76	1.86	110	45.98
2	**演示-柜体0102**	**800**	**550**	**760**	**7**					
7	左侧板	760	550	18	1	0.42	0.76	1.86	110	45.98
8	底板	763	550	18	1	0.42	0.763	1.863	110	46.16
9	三合一固定层板	763	527	18	1	0.40	0.763	1.817	110	44.23
10	背板	773	747	5	1	0.58	0	0	78	45.04
11	竖拉条	763	80	18	2	0.12	0	1.686	110	13.43
12	右侧板	760	550	18	1	0.42	0.76	1.86	110	

图3-69　结算单（局部）

序号	板件名称	成型尺寸(mm)				平方米(m²)	单价	金额
		长度	深度	厚度	数量			
1	左侧板	760	550	18	6	2.51	110	275.88
2	底板	763	550	18	6	2.52	110	276.97
3	三合一固定层板	763	527	18	4	1.61	110	176.92
4	竖拉条	763	80	18	12	0.73	110	80.57
5	右侧板	760	550	18	5	2.09	110	229.90
6	底板	764	782	18	1	0.60	110	65.72
7	顶板	764	782	18	1	0.60	110	65.72
8	前板	550	760	18	1	0.42	110	45.98
9	右侧板	760	782	18	1	0.59	110	65.38
10	左侧板	500	550	18	1	0.28	110	30.25
11	右侧板	500	550	18	1	0.28	110	30.25
12	三合一固定层板	272	527	18	4	0.57	110	63.07
13	中立板	662	527	18	2	0.70	110	76.75
14	三合一固定层板	473	527	18	2	0.50	110	54.84
15	背板	773	747	5	5	2.89	78	225.20
16	背板	773	487	5	1	0.38	78	29.36
							总额：	1,792.76

图3-70　报价单（局部）

图3-69：结算单是由市场运营机构向消费者出具的一种清单，记录了市场主体之间实际发生的交易行为。它是市场主体进行资金结算的主要根据，能够清晰地反映交易的细节和资金流向，保障交易双方的权益。

图3-70：报价单是商家与客户沟通的重要桥梁。一份详细、准确的报价单，不仅能够展示产品或服务的价值，还能够帮助赢得客户的信任，提高成交率。

本章小结

定制家具设计软件的应用与拆单过程对家具行业的发展起着至关重要的作用。这种创新技术不仅提升了设计效率和生产效率，而且显著降低了错误率，从而为客户提供了更优质的服务。随着科技的飞速进步，我们有理由相信，定制家具设计软件在未来将会发挥更重要的作用，进一步推动家具行业的蓬勃发展。

课后练习

1. 常用的全屋家具定制设计软件有哪些?
2. 云熙软件中的板件面板中有哪些板件可以设置?
3. 云熙软件中的物料信息表格中可以看到哪些信息?
4. 结合软件使用过程，分析该款家具设计软件的优缺点。
5. 通过使用云熙软件设计一款具有创意且十分有趣的异形边柜，并导出物料报价单。
6. 深入研究古代中国木质家具结构，剖析传统家具的利弊，探寻其对于未来定制家具的启示与借鉴意义。
7. 探讨当今社会全屋家具定制设计如何助力乡村振兴战略，怎样更完美地融入美丽乡村建设。

第4章 定制家具材料与配件

学习目标：熟悉定制家具制作材料的品种与特性，能灵活选用合适的材料进行设计制作。

学习难度：★★★★☆

重点概念：主体材料、门板材料、饰面材料、装饰线条、常用五金配件

章节导读

定制产品是一种将各类材料和配件巧妙结合的创意结晶，不仅具有美学价值，而且具备独特的整体性和功能性。定制家具生产需要对材料进行精细加工，并根据设计图纸的要求，将其转化为具有各种功能特征的构件。配件是定制家具产品的必备组件，只有与高品质的材料相结合，才能打造出具有稳定性、功能性、实用性和科学性的完美定制产品（图4-1）。

图4-1 不同色彩与纹理的板材

图4-1：不同色彩与纹理的板材在现代家具和建筑装饰中越来越受到青睐。这些板材不仅提供了丰富的视觉效果，还为设计师和建筑师提供了无限的创意空间。调查显示，在室内设计中，有超过85%的设计师使用了多种不同色彩和纹理的板材。

4.1 主体板材

定制家具产品选材丰富，涵盖实木板、刨花板等多种主体板材，宽度均为2440mm，长度为1220mm。板材厚度根据设计需求灵活选择，一般为1~75mm。

4.1.1 实木板

实木板由质地优良、完整度高的原木精制而成，其表面纹理自然，质地坚硬耐用，是打造高端

图4-2 实木板

- 名称：实木板
- 规格：厚度规格有12mm、15mm、18mm、22mm等几种
- 特性：纹理自然，表面色泽能给人舒适感，使用寿命较长
- 原材料：基材为红木、玫瑰木、柚木、水曲柳、枫木、榉木、樟木、松木、杉木、杨木、玫瑰木、桦木、榆木等原木
- 加工难易度：★★★★☆

图4-2：在加工实木板材前，先检测其含水率，选用适应本地气候的板材，可预先涂刷封闭底漆，避免加工过程中的污染。

图4-3 实木板加工

图4-3：实木板材独具天然清香，纹理分明，兼具优良的承重和环保性能。通常会将其置于干燥的环境中进行干燥处理，以防材料变形。

定制家具的理想之选。然而，其制作成本较高，施工要求也相对严苛（图4-2、图4-3）。

4.1.2 刨花板

微粒板、颗粒板、蔗渣板、碎料板这些都是常说的刨花板。这种板材内部结构独特，交叉错落，仿佛一件精美的艺术品。其表面平整光滑，仿佛镜子一般，可以接受各种贴面工艺的雕琢，也可以根据实际需求，将其加工成大幅面的板材，极具灵活性。

刨花板的优点很多，无论是隔声、吸声、绝热还是美观，它都能做到游刃有余。然而，美中不足的是它的边缘较为粗糙，裁切起来颇有些难度。如果加工过程中封边处理不够细致，就有可能会出现受潮、崩裂等问题，因此对加工工艺要求较高（图4-4）。

4.1.3 中密度纤维板

中密度纤维板常被简称为"中纤板"，是一种广受欢迎的建筑材料。它通常采用三聚氰胺纸或木皮作为饰面，这两种材料都具备无毒、无味、无辐射的特性，而且抗老化性能优异，使用寿命长。此

图4-4 已贴面的刨花板

- 名称：刨花板
- 规格：厚度为2~75mm，常用厚度有13mm、16mm、18mm等几种
- 特性：颗粒排列不均匀，用胶量小，比较环保，但裁板时容易暴齿
- 原材料：基材为木材或木质纤维材料，占比90%以上，其余为胶黏剂、添加剂
- 加工难易度：★★★★☆

图4-4：刨花板是由木材或纤维素材料边角料制成，经切碎、筛选后，融入胶料、防水剂等热压胶合成的人造板。这种板材属于化废为宝，充分展现了我国人民资源利用的智慧。

图4-5 中纤板

- 名称：中纤板
- 规格：有3mm、5mm、9mm、12mm、15mm、18mm、25mm等多种厚度
- 特性：能有效避免虫蛀、腐朽等问题，胀缩性小，装饰效果较好
- 原材料：基材为小径级原木，采伐、加工剩余的木料，非木质植物纤维原料等
- 加工难易度：★★☆☆☆

图4-5：中纤板是以植物纤维为主要原料，经过热磨、施胶、铺装、热压成型等工序制作而成的人造板材。

外，中纤板还拥有良好的透气性，能够有效地隔热、保温，其黏结性能也相当出色，加工完成的板材不会出现脱水现象。

中纤板的板层结构均匀稳定，其抗压性能和耐磨性能都非常出色。在受到外力作用时，板材能够保持良好的形状，不易发生变形或崩边。板材的表面平整光滑，边缘细腻，手感舒适，不会刺伤皮肤。而且，中纤板的面板还可以根据需要贴上各种色彩和图案的饰面，使视觉效果更加美观。总之，中密度纤维板是一种性能优越、外表美观、适应性强的优质建筑材料（图4-5）。

4.1.4 禾香板材

禾香板是一种创新型人造板材，凭借光滑平整的板面、坚实的质地、均匀的板层结构和特殊处理过的阻燃性能，成为当今装修和家具制造的优选材料。

此板材独特的多孔结构，赋予了它出色的吸声性能，强度高，承重和抗变形能力出色，甚至可以取代木质人造板和天然木材。在门套、浮雕门、家具等各类制品的打造上，禾香板都展现出其卓越的性能（图4-6）。

- 名称：禾香板
- 规格：常用厚度为18mm
- 特性：表面装饰性能较好，防潮性较好，且表面可直接进行油漆或烤漆处理
- 原材料：基材为稻麦等农作物的秸秆碎料（占比较大），异氰酸酯树脂、功能性添加剂（占比较小）
- 加工难易度：★★☆☆☆

图4-6：禾香板是一种优质的人造板材，其主要制作是通过高温和高压来完成的。在制造过程中，原材料中的异氰酸酯树脂被用于黏合板材的各个层，这种树脂的甲醛释放量为零，因此禾香板具有良好的环保性能。

图4-6 禾香板

禾香板为中国环境标志产品认证的优质建材，具备多种用途和卓越的功能。它不仅可以加工出异形边缘，还可以用来处理不规则形状的构造，使设计更加多样化。此外，禾香板的表面具有极强的可塑性，可以贴附各种图案的装饰纸、木皮或高分子面板，为定制家具增添独特的个性。不仅如此，还可以涂抹油漆或压贴塑料膜，进一步提高其美观性与防火性能。

— 补充要点 —

甲醛与异氰酸酯树脂

1. 甲醛，是无色的气体，带有刺激性的气味，易溶于水，其危害性不仅在于其高毒性，更在于其致癌性，以及8~15年的释放周期。尤其是对于老人、孩子、孕妇等免疫力较弱的人群，甲醛的危害更为严重。

2. 异氰酸酯树脂，简称MDI，其材料性能卓越，安全性和稳定性都极为出色。甚至在人造血管、心脏瓣膜等对安全性要求极高的领域，都能发挥出极强的优势。

4.1.5 多层实木板

多层实木板的构造特点在于剖切面，它是由多层精选实木板材，通过精密的胶合技术拼接而成。这种特殊构造赋予了它卓越的结构稳定性，其内部纵横交错的板材结构，形成了天然的抗拉伸和抗弯曲能力，即使在受力过程中出现轻微变形，也能迅速自行恢复。

多层实木板材的优异性能不仅体现在其均匀的受力分布，更在于它出色的吸湿性、透气性、耐用性和环保性。它的握钉力和承重能力同样令人满意，无论是用于家具制作还是建筑装修，都能在外力作用下保持稳定，避免开裂、变形等问题的出现（图4-7）。

多层实木板的厚度各异，适用场景亦有所不同。3mm厚板材，是弧度吊顶之佳选；9mm、12mm厚板材，适宜打造柜子背板、隔断及踢脚线；15mm、18mm厚板材，则为家具加工操作台的理想之选。

4.1.6 细木工板

细木工板又被称为"大芯板"或"木芯板"，

图4-7 多层实木板

- 名称：多层实木板
- 规格：常用厚度有3mm、5mm、9mm、12mm、15mm、18mm等
- 特性：强度大，变形小，环保系数较高，且能有效抗菌、防霉
- 原材料：基材为三层或多层的胶合板
- 加工难易度：★★☆☆☆

图4-7：多层实木板源于木段旋切或木方刨切，通过胶贴热压工艺黏合成型，多为奇数层的板状材料。

其独特的质地使其在众多板材品种中脱颖而出。它质地轻盈，加工成本低廉，用胶量也相对较少。此外，细木工板的尺寸稳定性极佳，避免了木材常见的变形问题。更重要的是，它能有效克服木材的各向异性，提高了横向的强度。

细木工板是一种理想的材料，尤其适合打造高端定制家具。它的主要功能是赋予板材一定的厚度和强度，从而使得板材具有充足的横向强度。具体来说，厚度为15mm的细木工板通常被用于制作抽屉、柜内隔断等部件；而厚度为18mm的细木工板则更适合用于打造家具的主体结构和门板结构等（图4-8、图4-9）。

1. 特性

（1）细木工板的含水率控制在8%～12%，常规芯板条的宽度不得超过厚度的3倍；而对于高品质细木工板，其芯板条宽度更是严格控制在20mm以内。

（2）细木工板的规格统一，加工性能卓越，其板材表面便于粘贴其他材料，稳定性和强度都相当出色。不仅具有良好的吸声效果，其隔热性能也相当优异。

（3）根据板材类别、规格、所选树种等不同，细木工板应进行差异化包装。通常，面板朝向内部进行包装，边角处则选用草类织品或其他软质包装

图4-8 细木工板

- 名称：细木工板
- 规格：厚度有15mm、18mm两种规格
- 特性：强度大，质地坚实，含水率不高，环保系数一般，拼接稳定性没有保障
- 原材料：基材为木板条或空心板
- 加工难易度：★★☆☆☆

图4-8：细木工板是通过将两片单板在中间施加压力，胶粘拼接木板而制成的人造板材。这种独特的制造工艺有效地避免了板材在后续使用过程中出现翘曲变形的状况。

（a）柜内隔断　　　　　　　　　　　　　（b）炕桌

图4-9　细木工板应用

图4-9（a）：柜内隔断是定制家具不可或缺的一部分，它能更好地整理和利用空间，提高家具储物空间的整洁度和舒适度。

图4-9（b）：这是一款专为炕、大榻和床而设计的矮桌。外形与寻常桌子无异，同样是四条腿的构造，但是它的高度只有400mm，非常适合在床上进行用餐、书写等日常活动。

物进行遮垫，以充分保护板材。

（4）优质的细木工板表面平整光滑，不会出现翘曲、变形或起泡、凹陷等问题，且芯板条排列整齐划一，板条之间的缝隙微不可见。

（5）在运输和存储过程中，细木工板都应放置在相对干燥的环境中。运输时，务必保证运输工具的清洁与干燥，避免细木工板遭受雨淋等侵袭；存储时，应将细木工板存放在干燥、通风且顶部有遮盖的空间内，细木工板的堆放也需整齐有序，底部应水平放置垫脚，这样才能更有效地防止细木工板受潮。

2. 分类

具体分类情况如表4-1所示。

表4-1　细木工板分类

分类根据	类别
根据不同的用途划分	普通用细木工板、建筑用细木工板
根据不同的使用环境划分	室内用细木工板、室外用细木工板
根据表面不同的加工情况划分	无砂光细木工板、单面砂光细木工板、双面砂光细木工板等
根据板材不同的层数划分	三层细木工板、五层细木工板、多层细木工板等
根据板芯不同的结构划分	实心细木工板（实体板芯）、空心细木工板（方格板芯）
根据板芯不同的拼接情况划分	胶拼细木工板、不胶拼细木工板

4.2 门板材料

定制家具产品的门板材料主要有实木门板、烤漆板、模压板、吸塑板等几大类型,不同类型的门板拥有各自的优势。

4.2.1 实木门板

实木门板选材源于大自然的馈赠,经过精细加工,门板质地坚固,表面无缝拼接,呈现出出色的美观性、吸音性、隔声性和环保性等优点,成为制作橱柜、衣柜等柜体门板的首选材料。

实木门板的制造过程相当烦琐,成本相对较高,但其独特的风格,如樱桃木的娇艳、胡桃木的优雅、橡木的自然,都使它备受喜爱。门板表面的纹理和色泽,如同大自然的画卷,自然且真实,每一道纹理都充满了生命的气息(图4-10)。

4.2.2 烤漆板

漆饰板材是基层板材在喷涂油漆之后,经过烘房高温干燥工艺精制而成的精美门板。这种材料广泛应用于定制家具市场,尤其适合打造衣柜、橱柜等家具的门板,成为定制家具产品的热门选择。漆饰板作为橱柜门板其优点在于,不仅抗污能力强,而且一旦表面出现污渍很容易清洁。

- 名称:实木门板
- 特性:不会轻易变形,表面不会有裂纹,隔热、保温性能较好
- 原材料:基材为天然原木或实木指接板材
- 加工难易度:★★★★☆

图4-10:实木门板的门芯是由中密度板贴实木皮构成的,制作时会在实木表面做凹凸造型,外表面还会喷漆,用以保持原木的本色。为了达到最佳的视觉效果和使用寿命,实木门板需要经过一系列精细的加工工序,应按照烘干→下料→刨光→开榫→打眼→高速铣形→组装→打磨→涂刷油漆→待干→养护等工序加工。

图4-10 实木门板

图4-11 烤漆门板

- 名称：烤漆板
- 规格：多以"块"为单位，厚度多为10~20mm，常见规格为550mm×300mm×15mm~1200mm×300mm×15mm、1220mm×2440mm×18mm等
- 特性：板面光洁度较好，防水、防潮、防火等性能较好
- 原材料：基材为中纤板
- 加工难易度：★★★★☆

图4-11：烤漆板是一款以中纤板为基材的精美饰材，在加工过程中，其表面需历经4~6次的精心打磨，以保证每一处细节都光滑平整。接着，进行一系列的上底漆、烘干、抛光等步骤。最后经过高温烤制，使其色泽更加亮丽，质感更加丰满。

根据表面镀膜的不同，漆饰板可以分为亮光漆饰板、亚光漆饰板和金属漆饰板等几种。由于生产周期较长，制作工艺复杂，其加工成本相对较高。用漆饰板制作的门板表面色泽鲜艳，极具观赏性和视觉冲击力，让人过目难忘（图4-11）。

- 补充要点 -

水晶板

水晶板是由PVC材料精制而成的无毒透明软板，独具魅力，其表面光滑，质地亮丽，整体色泽均匀，常被巧妙地应用于家具表面，主要起到保护和装饰的双重作用。在办公环境中，它常见于办公桌、餐桌、写字台等家具；在卧室它常被用于装点梳妆柜、茶几等台面，为整个空间增添一份独特的韵味。

水晶板的清洗工作十分便捷，其表面无气泡和裂缝，耐用性极佳，即使受热也不易变形。它不仅能够有效抵抗高温，其在耐寒性、耐酸碱性、耐重压性、抗静电性、抗冲击性等方面也都表现出色。水晶板以其卓越的性能和优雅的外观，正逐渐成为现代空间的新宠。

4.2.3 模压板

机械压制的中纤板表面印有独特的花纹，经过精心处理后，无需进行封边操作。这种模压板材广泛应用于橱柜门板和卫浴柜面板的制作，展现出鲜明的个性化特质。其优越的防潮、抗变形和抗氧化性能，使得这种板材在各种环境条件下都能保持稳定和美观。性价比高使它成为大部分中档定制家具的首选材料（图4-12、表4-2）。

4.2.4 吸塑板

吸塑板是一种新兴的绿色环保材料，展现出卓越的性能和美学价值。其表面平滑如镜，易于造

第 4 章
定制家具材料与配件

- 名称：模压板
- 特性：造型多变，环保性能较好，表面色彩、纹理等比较丰富
- 原材料：基材为中纤板
- 加工难易度：★☆☆☆☆

图4-12：这种模压板材不仅具备优良的抗静电性能，而且质量可靠稳定，板材极少出现龟裂现象。然而，值得注意的是，由这种板材制作的门板属于空心结构，因此在遭受严重磕碰或长时间浸泡在水中的情况下，门板的使用寿命将会大幅缩短，实用性也会相应降低。

图4-12 模压门板

表4-2　　　　　　　　　　　　　　　　模压门板分类

类别	图例	概念
实木贴皮模压门板		实木贴皮模压门板是一种精选珍贵木材，如水曲柳、黑胡桃、花梨和沙比利等，表面贴饰天然木皮的模压门板，不仅质感独特，而且典雅高贵
三聚氰胺模压门板		三聚氰胺模压门板是以三聚氰胺纸为饰面，其表面经过精细的模压工艺处理，形成各种花纹和色彩，这种门板造价相对经济，是定制家具的理想选择
塑钢模压门板		塑钢模压门板是一种以钢板为基材，经过花型装饰后，再覆盖一层PVC材料的钢木门板。它适合用于室外门，具有良好的耐候性和抗老化性，是室外门的理想选择

型，甚至可以使用雕刻机在其上精雕细琢，创造出独特的图案。经过加工后吸塑板能够呈现出强烈的视觉冲击力和立体感，仿佛一件艺术品。此外，吸塑板制作的门板色彩鲜艳，色域宽广，为室内装修、定制家具、冰箱衬里以及移动板房门等提供了丰富的选择。

吸塑板表面多为无色或微黄色，质地纯净，无毒无味。其在拉伸、压缩和弯曲强度等方面均表现出优异的性能，尺寸稳定，不易变形和开裂。另外，吸塑板的吸水率和收缩率都极低，耐油、耐酸等耐化学腐蚀性能优良。然而，吸塑板的耐磨性略显不足，不适宜长期浸泡在水中，因为这样可能会引发板材内部结构的变化，导致开裂（图4-13）。

- 名称：吸塑板
- 规格：厚度为0.05～3mm
- 特性：物理机械性能、耐热性、耐低温性等性能较好，板面光泽度较高，可与多种轻复古风格相搭配
- 原材料：基材为中纤板，吸塑材料有ABS、PVC、PET等几种
- 加工难易度：★☆☆☆☆

图4-13：中纤板作为吸塑板的坚实基础，经过表面真空吸塑处理或者采用一次性无缝PVC膜压成型工艺，塑造出热塑性工程塑料板材。吸塑门板的设计主要分为两大流派：亚光模压板与高光模压板。特别是高光模压门板，其优越性能可媲美烤漆门板，且具备更强的可塑性，能够满足各种形状的定制需求，实用性超群。

图4-13 吸塑门板

4.3 饰面材料

定制家具中的饰面材料通常指饰面板。这种板材被广泛应用于家具的表面装饰，其主要制作过程是将天然的木材精心刨切成规定厚度的薄片，接着将这些薄片紧密地贴附在胶合板的表面，并通过热压技术进行处理。常见的饰面材料包括三聚氰胺饰面板、实木皮饰面板、波音软片以及防火饰面板等。

4.3.1 三聚氰胺饰面板

三聚氰胺饰面板是一种表面花色多样的装饰材料，广泛应用于定制家具产品的面板、柜面、柜层面等。

三聚氰胺饰面板种类繁多，根据基材种类的差异，可以将其划分为三聚氰胺刨花板、三聚氰胺防潮板、三聚氰胺中纤板、三聚氰胺细木工板以及三聚氰胺多层夹板等。其中，三聚氰胺细木工板和三聚氰胺多层夹板又被称作"生态板"。另外，根据板材表面饰面效果的不同，还可以将其分为麻面、绒面、仿真纹、皮纹、瓦纹、横纹、亚光、浮雕等多种类型，为消费者提供了丰富的选择空间（图4-14）。

4.3.2 实木皮饰面板

实木皮饰面板在当今家具制造领域被广泛应用，这种饰面材料的木皮选材丰富，包括薄皮和厚皮两种类型。薄皮木皮较为脆弱，容易透出底材，因此其饰面效果相对较差；而厚皮木皮则质地坚固，能够展现出强烈的质感，其饰面效果显然更胜一筹。

在判断实木贴皮饰面板档次时，通常可以根据实木皮的材质种类、厚度变化以及油漆工艺来进行分辨。为了确保饰面效果的完美呈现，实木

第 4 章
定制家具材料与配件

- 名称：三聚氰胺饰面板
- 规格：厚度有2.5mm、3mm、5mm、7mm、9mm、12mm、15mm、16mm、18mm、25mm等多种
- 特性：耐磨、耐腐蚀、耐热、耐刮，能有效防潮
- 原材料：基材为中纤板、刨花板、防潮板、多层实木夹板等板材
- 加工难易度：★☆☆☆☆

图4-14：三聚氰胺饰面板是将PVC印刷贴皮表面印上花纹后，再放入三聚氰胺胶中浸渍，从而制作成三聚氰胺饰面纸，再经高温热压后黏附在板材基材上，从而形成各具花色的三聚氰胺饰面板。

图4-14 三聚氰胺饰面板

- 名称：实木皮饰面板
- 规格：厚度多为1mm，由于实木皮饰面板基材品种不同，厚度也会有所变化
- 特性：手感真实、自然，质地细腻，装饰效果较好
- 原材料：基材为中纤板、刨花板、多层实木板等
- 加工难易度：★★★☆☆

图4-15：实木皮饰面板是将实木皮用高温热压机贴于中纤板、刨花板或多层实木板表面，使之成为实木贴皮饰面板。

图4-15 实木皮饰面板

皮饰面板的表面都需要经过精细的油漆处理。值得关注的是，不同的油漆工艺制作出的贴皮效果会有所差异，或优雅大方，或低调奢华，各具特色（图4-15）。

实木皮饰面板实际上是一层精心修饰的薄板，这种独特的饰面材料呈现出的纹理极具原生态感，色泽也与木材的本色极为接近。它不仅能带给人一种宛如触摸真实木材的细腻触感，同时也能在视觉上营造出一种高贵、大气的氛围。

实木皮饰面板以其自然美观的特性，赋予家具一种实木特有的亲近感，其抗变形能力强，使用寿命长。更重要的是，这种饰面材料让设计师可以根据设计需求，选择各种颜色和花纹的饰面，极大地丰富了定制家具产品的视觉效果。然而，也正因为这种灵活性和多样性，实木皮饰面板的制造过程较为复杂，成本相对较高。

4.3.3 波音软片

波音软片是一种创新型、环保性能优越的饰面材料。其质地轻薄，主要采用PVC材料精心打造。在具体施工过程中，首先，需要对基层表面进行彻底的清洁，去除灰尘等杂物。接着，涂抹适量的白乳胶于基层表面，确保涂抹均匀。随后，将波音软片紧密地贴附于基层表面，务必使其与基层紧密贴合，不留任何气泡。

波音软片采用耐磨性油墨印刷技术，其表面覆盖有一层保护膜，使其色泽持久，不易褪色，抗刮擦性能强。同时，波音软片易于铣型和塑造，非常适合用于中密度纤维板表面的装饰。值得一提的是，这种材料具有强烈的仿木质感，可以使空间充满自然气息。在施工过程中，即使对波音软片进行刨、修边、锯等处理，也不会对其造成明显的损害（图4-16）。

4.3.4 防火饰面板

防火饰面板通过强力万能胶将板材稳固贴附于基层细木工板、实木板等多层传统木质人造板材表面，赋予其优良的防火性能，成为橱柜等家具的理想表面装饰材料。

防火饰面板分为单、双层两类，选择时应根据需求而定。优质防火饰面板材耐磨性强，色泽统一，无明显色差及像素点，可自由卷曲2.5圈，展开后仍保持平整，品质上乘（图4-17）。

- 名称：波音软片
- 规格：厚度为0.08～0.60mm
- 特性：耐热、耐磨、耐酸碱、防油、防火、易于清洁、价格实惠，自带背胶
- 加工难易度：★☆☆☆☆

图4-16：通过白乳胶粘贴于细木工板表面对其进行装饰，让朴素的木纹变得丰富多彩，波音软片适用于中低端定制家具外部饰面。

图4-16 波音软片

- 名称：防火饰面板
- 规格：厚度为0.8～3mm，厚度为1.2mm或1.5mm的防火饰面板适用于普通家具的表面
- 特性：表面平整、光滑，图案清晰、效果逼真、立体感强
- 原材料：基材为细木工板、实木板、多层板等人造板材
- 加工难易度：★★☆☆☆

图4-17：防火饰面板表面纹理平整，具有一定厚度，主要通过强力万能胶粘贴于细木工板表面，适用于中低端定制家具外部饰面。

图4-17 防火饰面板

4.4 装饰线条

装饰线条在定制家具的生产与安装中起着举足轻重的作用，它既能收口，又能美化装饰，使定制产品与室内环境更和谐。根据材质不同，可将其划分为木、塑料、石材、不锈钢、铝合金五大类。

4.4.1 木线条

木线条是一种精选质地坚硬、加工性能优良且黏结性出色的木材作为基础材料，经过严谨的干燥处理过程后，通过机械或手工的精湛技艺加工而成的具有卓越握钉性能的装饰材料。

木线条的棱角、棱边、弧面和弧线等各部分都呈现出极其挺括、轮廓分明的特质，其可通过油漆工艺制作出各式各样的色彩，满足不同的审美需求。在实际施工过程中，更能根据设计师的创意设想，将其加工成各种优美的弧线，为空间增添独特的韵律感（图4-18）。

木线条是一种用途极广的材料，可用于家具制作和室内装修，也可用作各类家具的收边装饰。此外，它还可以用于天花板、墙壁和门的装饰。在安装木线条时，应使用胶黏剂进行固定，这样可以确保线条稳固、不易松动。在拼接木线条时，通常有直拼法和角拼法两种方式。直拼法是将木线条直接拼接在一起，而角拼法则是在木线条的交角处进行拼接。无论采用哪种方式，都需要注意不要露出钉头，以免影响美观。

4.4.2 塑料线条

精致细腻的塑料装饰线条，由硬聚氯乙烯塑料精制而成，其质地轻盈，触摸起来平滑舒适，色彩鲜艳饱满，具备优良的隔热、保温、防潮、阻燃等特性，同时还能有效抵抗磨损和腐蚀，绝缘性能也相当出色。

塑料装饰线条根据其用途，主要分为压角线、压边线、封边线等类型。在各式各样的定制家具产品中，塑料装饰线条都能展现出不同的风貌（图4-19）。

- 名称：木线条
- 特性：耐腐蚀，上色性好，表面光滑
- 原材料：基材为杂木线、泡桐木线、水曲柳木线、樟木线、柚木线等
- 加工难易度：★☆☆☆☆

图4-18：木线条价格相对较高，但为了确保其稳固，需采用气排钉与白乳胶双管齐下的方式。其表面还需涂上聚酯清漆，以增加美感，必要时更需经过烘烤处理，工艺烦琐，成本也会相应提高。

图4-18 木线条

- 名称：塑料装饰线条
- 特性：稳定性较好，能很好地抗老化，且容易熔接，抗弯强度和抗冲击韧性均比较强
- 原材料：基材为硬聚氯乙烯塑料
- 加工难易度：★☆☆☆☆

图4-19：塑料线条轻巧却易变形，需借助强力万能胶将其稳固于板材之上，接缝处需悉心打磨。而纹理独特、色彩斑斓的塑料线条，价格自然不菲。

图4-19 塑料线条

- 名称：石材线条
- 特性：曲线优美，质感厚实
- 原材料：基材为大理石
- 加工难易度：★☆☆☆☆

图4-20：石材线条常用于大型定制构件之上。无论是入墙家具还是背景墙，皆可因它的装点而熠熠生辉。通常在施工现场进行切割安装，用聚氨酯结构胶将其紧紧粘住，让石材线条的魅力尽情展现。

图4-20 石材线条

4.4.3　石材线条

石材线条光洁如镜，形状美观各异，既可与石板搭配，装点高档墙柱、石门套、石造型等场所，又可应用于门套、镜框、墙面脚线、腰顶线、背景墙框、吊顶边框等局部（图4-20）。

石材线条源于自然，却超越自然。其表面造型效果繁多，包括弧面型、复合型和台阶型等，各具特色，为建筑和设计注入无限活力。再者，根据成品形状的差异，石材线条可分为直位石材线条、弯位石材线条和三维石材线条等，呈现出丰富多样的视觉效果，为设计师提供了广阔的创作空间。

4.4.4　不锈钢线条

不锈钢线条是一种具有卓越综合性能的装饰材料，其独特的现代感能够为定制家具产品增添无与伦比的时尚气息。不仅如此，不锈钢线条还拥有出色的耐腐蚀、耐水、耐擦和耐候等性能，使其成为各种装饰面的理想选择，如压边线、收口线、柱角压线等。

不锈钢线条的耐用性和美观性使其成为现代主义风格家具的完美选择。其光滑的表面和精致的线条可以增加家具的精致感和时尚感，同时其材质的坚韧也保证了家具的使用寿命。无论是用于家具的收边装饰还是作为主体材质,不锈钢线条都能让家具更加耐用、美观(图4-21)。

4.4.5 铝合金线条

铝合金线条是由纯铝与锰、镁等合金元素融合后挤压成型的条状建筑材料。它广泛应用于边缘装饰,如厨房的踢脚板、浴室的防水条等细节设计,为家居增添美感。这种装饰线条质地轻盈,强度卓越,当其表面涂上一层透明的电泳漆膜,其美观性、耐磨性、实用性和耐腐蚀性等性能都将得到显著提升(图4-22)。

- 名称:不锈钢线条
- 特性:外观光滑,硬度高,不易出现破损
- 原材料:基材为不锈钢型材
- 加工难易度:★★☆☆☆

图4-21:不锈钢线条比较厚重,主要用于大型定制构件的边框收口处,采用聚氨酯结构胶粘贴,需要在施工现场切割安装。

图4-21 不锈钢线条

- 名称:铝合金线条
- 特性:表面具有金属光泽,耐光性和耐候性等较好
- 原材料:基材为铝合金型材
- 加工难易度:★★☆☆☆

图4-22:铝合金线条规格多样,适用性很强,主要用于混搭、轻奢风格的定制家具细节装饰或收口,采用聚氨酯结构胶粘贴。

图4-22 铝合金线条

4.5 五金配件

在定制家具产品的打造过程中,五金配件的运用无疑为产品的耐用性和稳定性奠定了坚实的基础。锁具、拉手等各类构件的巧妙搭配,使得环境空间焕发出别具一格的风采。

4.5.1 锁具

锁具由锁体、锁芯、钥匙以及其他固定配件构成。根据锁舌形状的不同,锁具可以分为方舌锁和斜舌锁。根据实际需求,我们可以灵活决定是否安装锁具。在同一柜体结构中,可以选择多种不同的锁,以满足各种场景的需求。例如,如果抽屉较多,可以选择中心式连锁系统,这种锁具能更有效地防盗,提供更全面的保护。

柜门锁和抽屉锁是最常见的锁具,柜门锁适用于单双门。首先,需要精确地确定锁体的安装位置,并在门板面板上预先钻好φ20mm的圆孔。然后,将柜门锁对准孔径,选用合适的螺丝将其固定在门板上(图4-23、图4-24)。

图4-23 抽屉锁

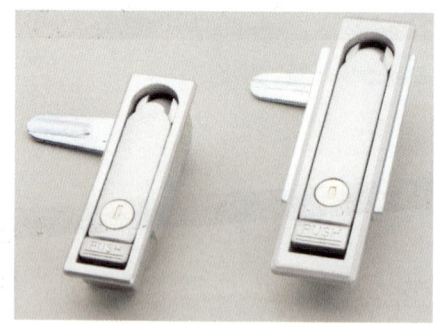

图4-24 柜门锁

图4-23:抽屉锁构造简易,按功能可分为正面、侧面、方舌、斜舌等类别。正面锁位于前端,一锁可操控两个以上抽屉;侧面锁设在侧面,同样一锁可控制多个抽屉。方舌锁位居抽屉中央,一锁仅限一抽屉受控。斜舌锁使用独特,需在关锁时取下钥匙,推入抽屉,方能锁住。

图4-24:安装柜门锁需在柜门上开孔,孔形尺寸应根据锁具形态和大小而定。不宜选择过大体积的锁具,否则会对板材处理和整体设计风格造成困扰。过大的孔洞规格可能导致孔洞边缘板材过于薄弱,易于断裂。

4.5.2 五金拉手

拉手在开合柜门的过程中扮演着举足轻重的角色。为了让拉手更具时尚魅力和个性化特征,设计师们巧妙地将各种流行元素融入其中,采用全新的工艺技术进行制作。这样一来,拉手不仅具有实用性,而且极大地提升了其装饰效果。

目前市场上常见的拉手款式琳琅满目,包括欧式风格拉手、田园风格拉手、现代简约风格拉手、陶瓷系列拉手、卡通系列拉手等。这些拉手各具特色,为定制家具产品增色添彩。消费者可以根据自家整体装修风格和个人品味,挑选最合适的拉手款式(图4-25~图4-27)。

4.5.3 三合一连接件

三合一连接件作为柜体板件的主要连接枢纽,其功能主要在于实现板与板之间垂直方向的连接。这种五金配件在连接厚度在15~25mm之间的木质天然板材与木质人造板方面表现尤为出色,部分结构独特的连接件甚至能实现两板的水平连接和三板的交互连接。

图4-25 欧式风格拉手

图4-26 陶瓷系列拉手

图4-27 卡通系列拉手

图4-25:欧式风格拉手拥有精美的外观,能与欧式风格的定制家具产品相搭配,从而增添室内空间的豪华感。

图4-26:陶瓷系列拉手拥有光滑细腻的触感,可以与不同风格的定制家具产品相搭配,是比较百搭的一款拉手。

图4-27:卡通系列拉手拥有艳丽的色彩,且造型可爱,充满童趣,常用在儿童房中。

― 补充要点 ―

拉手选择要点

1. 注意其表面色泽和保护膜的状态。优质的拉手表面应该呈现出光泽四溢、亮丽透明的特点,表面无半点瑕疵。要检查拉手表面是否有划痕,保护膜是否破损。

2. 选择品质上乘的拉手品牌。若是进口品牌拉手,可以要求商家出示产品的进口证明文件,以防止商家弄虚作假。

在操作三合一连接件时，有一些细节需要格外注意。例如，在未添加黏合剂的情况下进行施工，为确保板材之间连接的稳定性，后板钉接必须牢固且位置准确无误。预埋件也必须完全敲入板内，使三合一连接件从外部无法窥见，这样组装好的定制家具产品表面才能尽量避免出现缝隙，保证整体的美观度（图4-28）。

4.5.4 挂架

挂架作为室内装饰品，如衣柜挂架、牙刷挂架和多功能挂架等，有助于更高效地利用空间。价格亲民且使用价值颇高的五金挂架，常选用经过镀铜、镀镍、镀铬三层工艺处理的，这样的挂架镀层均匀，表面光泽更加亮丽（图4-29、图4-30）。

4.5.5 铰链

铰链主要起到连接柜体和门板的作用，这种五金配件既可由可移动组件构成，也可由可折叠材料构成，铰链的质量好坏关系着柜体是否能正常使用（表4-3）。

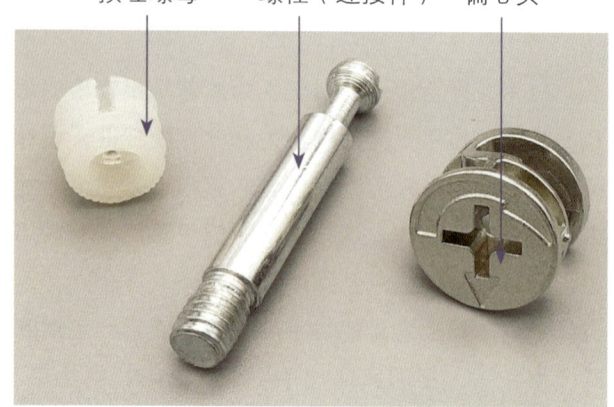

图4-28 三合一连接件

图4-28：三合一连接件由三个连接部件构成，这三个部件分别是预埋螺母、螺栓以及偏心头。预埋螺母的材质主要涵盖了锌合金、塑料以及尼龙等；螺栓，亦称为"连接杆"，其材质则包括铁质、锌合金以及铁加塑料三种类型；而偏心头的材质则有锌合金、铝合金等几种。这三种材质各具优势，可以根据预算进行自由选择。

图4-29 移动挂架

图4-30 多功能挂架

图4-29：移动挂架实用性比较强，不用时便可随意推进去，这种挂架既能很好地收纳衣物，也不会占据过多的空间。

图4-30：多功能挂架可悬挂皮带，也可悬挂丝巾，且不会占据过多的空间，拿取物品也比较方便。

表4-3　　　　　　　　　　　　　　　　　　　铰链类型

类别	图例	注释
液压铰链		又被称作"阻尼铰链",是一种借助高密度油体在密闭容器内有序流动,从而实现缓冲功能的消声缓冲铰链
弹簧铰链	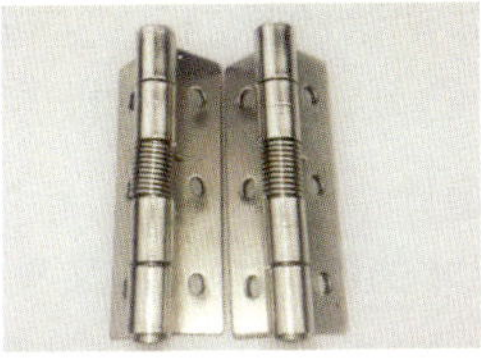	主要由镀锌铁、锌合金等材质构成,此类铰链在板材厚度在18~20mm的衣柜门或橱柜门中应用尤为合适
异型铰链	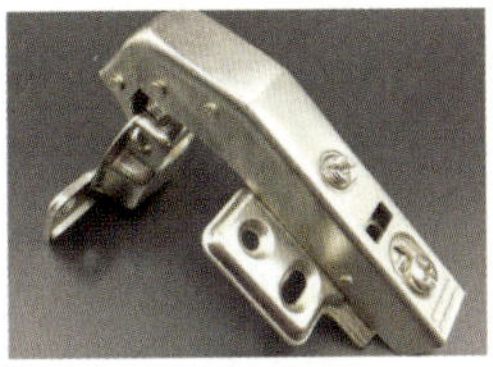	亦称"转角铰链",其开门角度较大,适用范围广泛
玻璃门铰链		主要用于连接柜板与玻璃门,是玻璃门开启、关闭的重要组件
大门铰链		可以分为普通型和轴承型,其中轴承型可以选择铜质或不锈钢材质,适应不同环境需求

通常铰链的开合类型主要有：全盖，又名"直臂、直弯"；半盖，又名"曲臂、中弯"；内盖，又名"大曲、大弯"等（图4-31~图4-33）。

- 补充要点 -

铰链质量

优质铰链在开启柜门时力度适中，轻柔顺畅，当柜门关闭至15°时，铰链能自动弹回，回弹力道均衡稳定；而劣质铰链通常由薄弱的铁皮制成，回弹力接近于无，长期使用后，弹性会逐渐消失，进而导致柜门无法紧密闭合，甚至可能出现裂痕。

4.5.6 滑轨

滑轨亦称"导轨、滑道",是一种广泛应用于家具的五金连接构件。其固定于柜体之上,主要功能是为抽屉或柜板提供顺畅的出入活动路径。优质的滑轨具有自然的推拉效果,使用寿命长,可以为生活带来极大的便利。挑选时务必根据抽屉或柜板的尺寸,挑选适宜规格的滑轨,以实现最佳匹配效果(表4-4)。

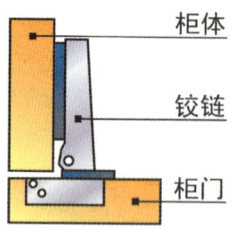
图4-31 全盖铰链

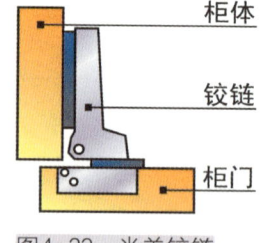
图4-32 半盖铰链

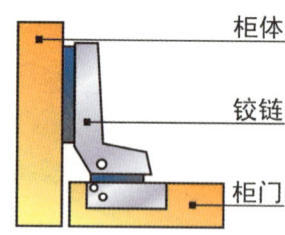
图4-33 内盖铰链

图4-31:全遮盖铰链广泛应用于柜体边缘的柜门,柜门安装后能够全方位地覆盖住柜体的垂直板材,使之完全隐藏,视觉效果极佳。

图4-32:半遮盖铰链则主要应用于柜体中央的柜门,柜门安装后能够覆盖住柜体垂直板材的一半,既展示了柜体的部分结构,又具有实用性。

图4-33:内盖铰链则主要应用于柜体内部的柜门,柜门安装后其表面与柜体的垂直板材表面完全齐平,不仅美观,而且利用了柜体的空间。

表4-4 滑轨类型

类别	图例	注释
滚轮式滑轨		结构简洁,由单滑轮和双轨道构成。这种滑轨虽然在日常生活中能满足基本需求,但其承重能力相对较弱,缓冲和反弹效果也不尽如人意
钢珠式滑轨		通常由两节或三节的金属滑轨组成,被广泛安装在抽屉侧面。这种滑轨在节省空间方面表现出色,承重能力较强,推拉过程也相当顺畅
齿轮式滑轨		包括隐藏式滑轨、骑马抽滑轨等多种类型,具备缓冲关闭或按压反弹开启等功能。其由于加工成本较高,价格也较为昂贵
阻尼滑轨		由固定轨、中轨、活动轨、滚珠、离合器、缓冲器等部件组成,主要利用液体缓冲实现抽拉过程的静音。这种滑轨耐用性强,抽拉顺畅,抽拉过程中的冲击力较小,可以为用户带来更为舒适的体验

4.5.7 磁碰与气动支撑杆

磁碰的工作原理,在于磁性部件间的引力作用,使柜门紧闭以达锁止效果。气动支撑杆则凭借气压原理,轻松实现升降,其优良的缓冲性能,可有效减轻冲击(图4-34、图4-35)。

图4-34 磁碰

图4-35 气动支撑杆

图4-34:磁碰安装不宜过量,仅适宜在频繁使用且面积宽广的柜门上安装,以防柜门因磁碰影响而变形。

图4-35:气动支撑杆主要配合柜门铰链,开启柜门时可固定其开合角度,特别适合向上开启的柜门安装。

本章小结

定制家具作为一种创新型家具生产方式,能够满足消费者对于个性化、高品质生活的需求。在定制过程中,设计师需要充分考虑客户的需求和喜好,以及房屋的实际情况,为客户量身定制出既美观又实用的家具方案。在材料选择上,应注重环保、耐用、安全等因素,确保产品的品质和使用寿命。此外,设计师还需要与工厂紧密配合,确保产品的生产过程符合设计要求,避免出现质量问题。

课后练习

1. 列举市面上常见的几种主体板材。
2. 简述甲醛与异氰酸酯树脂的概念。
3. 在三处不同空间内,找到所使用的木板材料,将其分类并进行比较。
4. 观察不同空间类型的柜体,找出哪种铰链的使用率最高,并概括原因。
5. 阅读《鲁班经》,对比明清家具与现代定制家具工艺的异同点,试分析其原因。

第5章 定制家具制作工艺

学习目标：熟悉定制家具制作设备，了解不同工具设备的特征，能正确选用合适的设备进行家具制作。

学习难度：★★★★☆

重点概念：制作设备、柜体制作、门板制作、饰面制作、规模化生产、预装、包装、运输

◁ 章节导读

定制家具工艺水平与产品质量、造型等有着密切联系，只有精湛的制作工艺才能保证定制家具产品的美观性、完整性与稳定性。了解制作所需设备、分步制作要点，是保证定制家具产品生产顺利进行的必要条件（图5-1）。

图5-1：定制家具组合的外观、结构具有统一性，同时兼具环保、节省空间的优点。尤其是细节造型，经过统一的设备加工后具有高度统一的造型。

图5-1 定制家具组合

5.1 常用制作设备

精准造型离不开精细数据，而专业设备的运用不仅能提升定制家具产品的制作效率，更能简化整个制作过程。

5.1.1 电子开料锯

在定制家具生产过程中所用到的开料设备主要有电子开料锯与数控加工中心开料设备。

1. 电子开料锯

电子开料锯，又名"电脑裁板锯"，是先进的数字化加工利器。其导轨、锯车的平稳性和锯片的完整性，都会影响最终的开料效果。选购时，请务必检查锯台平整度、锯片磨损情况，以及导轨硬度与形状，确保一切正常（图5-2）。

2. 数控加工中心开料设备

数控加工中心开料设备，无论是曲线板件还

- 名称：电子开料锯
- 特点：裁切精确度高、损耗低、锯口精准、整齐，其伸缩型靠尺能使长板件的锯切更准确，且能节约工作空间
- 用途：主要可用于裁切多种板材，通常裁切出来的板材为矩形
- 使用方法：多采用红外线扫描，离锯片10mm之内有异物时，锯片会自动下沉

图5-2：电子开料锯的特点之一是易上手，即使是初学者也能轻松操作，大大降低了培训成本。它还具有高效裁板的特点，能够快速准确地完成各种板材切割任务，提高生产效率。

图5-2　电子开料锯

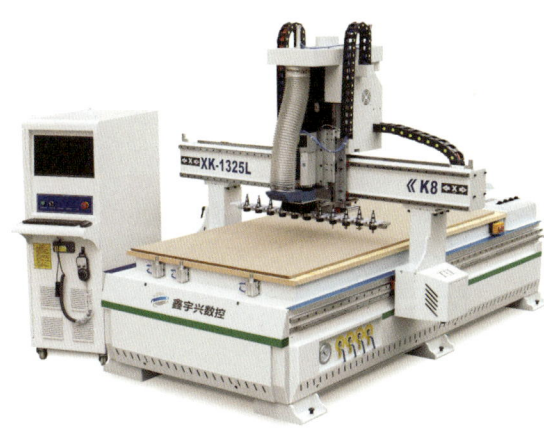

- 名称：数控加工中心开料设备
- 特点：智能化，自动化，运行稳定，裁切精准
- 用途：主要可用于裁切多种板材
- 使用方法：使用铣刀沿着板材边缘直接铣削，使凹槽深度超过板材的厚度，从而达到切割的目的

图5-3：该设备高效精加工，操作简便，结合家具设计拆单软件，可满足不同定制需求，在家具行业广受欢迎。

图5-3　数控加工中心开料设备

是异形定制产品，都能轻松应对，能够裁切出各种造型的板件，如多边形、圆弧形等。它不仅是一台高效的开料设备，更是解决制作难题的得力助手（图5-3）。

5.1.2　雕刻机

雕刻机的关键组成部分包括控制系统、主轴、变频器、驱动器、导轨和齿条等。现有的电脑雕刻机主要分为激光雕刻和机械雕刻两大类。大功率雕刻机能够实现雕刻细节无锯齿，打造平滑、光洁的底面和鲜明的轮廓，特别适用于制作大型切割、浮雕和雕刻等。小功率雕刻机则适合用于制作建筑模型、三维艺术品或小型标识牌等。在整体家具产品生产领域，木工雕刻机的运用尤为广泛（图5-4、表5-1）。

- 名称：雕刻机
- 特点：多为双轴或四轴，能同时雕刻多个不同或相同造型，雕刻速度快，工作效率高
- 用途：可用于各种实木家具、定制家具、艺术壁画、装饰品等的制作，也可用于各种木质板材平面的雕刻、切割、铣型、打孔等操作
- 使用方法：结合电脑进行雕刻、铣、切等操作

图5-4：雕刻机应用广泛，了解各类雕刻机的最佳应用范畴至关重要。款式根据客户需求量身定制，适用于木工、广告标牌、家具制造、玩具礼品制造、装潢及PCB制作等领域。

图5-4　雕刻机

表5-1　雕刻机、雕铣机和数控加工中心之间的区别

设备	图例	特点
雕刻机		断点记忆功能强大，意外断刀也能继续加工或隔天续雕，储存多个工件与原点数据。直排式自动换刀雕刻机钢结构无缝焊接，变形小、承重力强、精度高、耐磨损、运行平稳，具备断点续雕、断电续雕及自动纠错功能
雕铣机		集雕刻与铣切于一身，切削能力强，加工精度高，速度快，光洁度高，性价比卓越
数控加工中心		自动化水平高，减少人为误差，提高加工效率与精度，经济效益显著

5.1.3　型材切割机

型材切割机又称"砂轮锯"，具备隐匿锯片和脚踏开关，自动控制压料、锯料。不仅能实现90°直角切割，更可在0°~180°范围内完成任意斜切操作，堪称"万能切割师"（图5-5）。

使用型材切割机时一定要有耐心，具体注意事项如下：

（1）提前熟悉设备性能，按照规章制度操作。

（2）不可酒后操作，不可疲劳操作，操作前不可服用苯二氮䓬等催眠药物。

（3）定期检查电源线路，操作前检查结构部件，戴好口罩。

（4）不可将易燃、易爆品与型材切割机置于同一空间。

（5）确保砂轮片的完整，保证夹持牢固，机

第 5 章
定制家具制作工艺

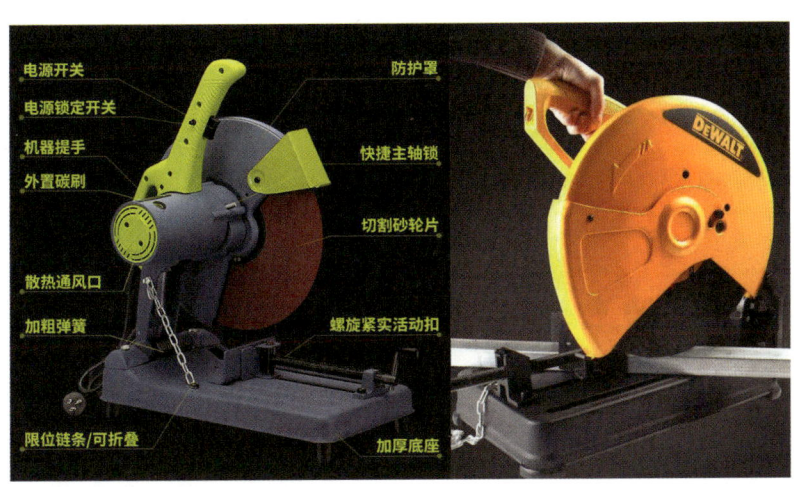

- 名称：型材切割机
- 特点：操作简单、安全可靠，切断面平整、光滑，锯切精度高、工作噪声低、劳动强度低、生产效率高
- 用途：适用于锯切各种异型材料，包括金属如铝、铝合金、铜、铜合金，塑胶、碳纤等，锯切铝门窗、相框、塑钢材或用于切割金属方扁管、方扁钢、工字钢、槽型钢等材料
- 使用方法：通电后手持操作

图5-5 型材切割机

图5-5：型材切割机是一种功能强大、应用广泛的切割设备。它凭借出色的切割能力和简便的操作赢得了广大用户的认可，成为众多行业中不可或缺的重要工具。

体严重抖动须立即关闭电源并检修。

5.1.4 封边机

封边机能将封边程序高度自动化，能完成直面式异形封边中的输送、涂胶贴边、切断、前后齐头、上下修边、上下精修边、上下刮边、抛光等诸多工序（图5-6）。

封边机功能强大，具体特征如下：

（1）预铣。铣削和校正边缘不规则的板材；增强板材的美观；使封边条与板材贴合更紧密。

（2）涂胶封边。增强封边材料与封边板材之间的黏合力。

（3）齐头。利用靠模自动跟踪板材；利用高频高速电机切削板材；获取光滑、平整的断面。

（4）粗修。利用平刀修整封边时产生的多余部分。

（5）精修。利用R形刀修整板式家具的PVC或亚克力封边条。

（6）刮边。修整切削过程中板材边缘产生的

- 名称：自动封边机
- 特点：可一次性完成输送封边板、送带、上下铣边、抛光等工作，且粘接牢固、快捷、轻便、效率高
- 用途：适用于中纤板、细木工板、实木板、刨花板、实木多层板等板材的直线封边、修边等操作
- 使用方法：通电后操作，有手动操作与自动操作两种方式

图5-6：封边机用途即为封边。可以将原本烦琐的手工流程，转变为高度自动化的机械操作。涵盖直面式异形封边的多道工序：输送、涂胶封边、切断、前后齐头、上下修边、精细修边、刮边、抛光等，一应俱全。

图5-6 自动封边机

波纹痕迹，使板材更光滑。

（7）仿形跟踪。利用上下修圆角装置提高板材端面的美观性与光滑性。

（8）抛光。利用棉质抛光轮来清理已加工的板材，并使板材封边端面具备光滑感。

（9）开槽。用于衣柜侧板、底板等的开槽或门板铝包边的开槽。

5.1.5 木工台锯

木工台锯有两种不同类型，一种为工厂定制型，一种为现场制作型，前者体量较大，通常不进入施工现场；后者安装快捷，体积较小，可以搬进施工现场作业（图5-7、图5-8）。

5.1.6 钉枪

钉枪由精密的枪身和弹夹组合而成，根据操作方式的不同，可以分为电动钉枪、气动钉枪、瓦斯钉枪或手动钉枪。其中，气动钉枪又被称作"气动打钉机"或"气钉枪"，以其独特的操作方式脱颖而出。它的工作原理是利用气泵产生的高压气体，驱动钉枪气缸内的撞针进行锤击运动，将钉子轻松钉入板材或界面基层中。

气动钉枪的种类繁多，常见的有直钉枪、钢钉枪、码钉枪和蚊钉枪等（图5-9、表5-2）。

- 名称：木工台锯
- 特点：操作简单、施工方便、数据准确、裁切规则
- 用途：适用于板材裁切和方料锯切操作
- 使用方法：通电后操作

图5-7：在实际应用中，精密裁板锯凭借其卓越性能，为各类木材和板材加工提供了极大的便利。它具有高精度、高速度、高效率等特点，能够满足不同行业、不同材料的高品质加工需求。

图5-7 木工台锯

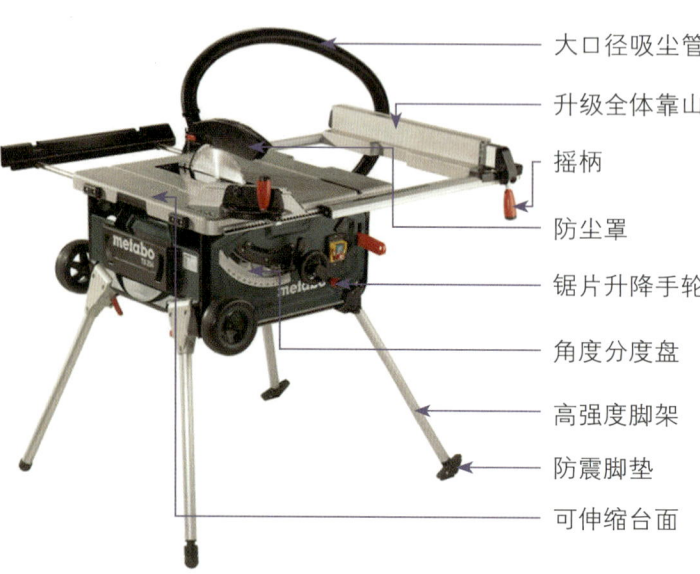

图5-8：推台锯的关键结构特点在于划线锯片与主锯片保持固定不动，人们只需轻推载有待加工板件的铝制型材制作的滑动工作台，便可实现锯切加工。得益于移动工作台导轨的特殊构造，手动推进加工过程变得轻松省力，同时加工精度极高。

图5-8 木工台锯组成

第5章
定制家具制作工艺

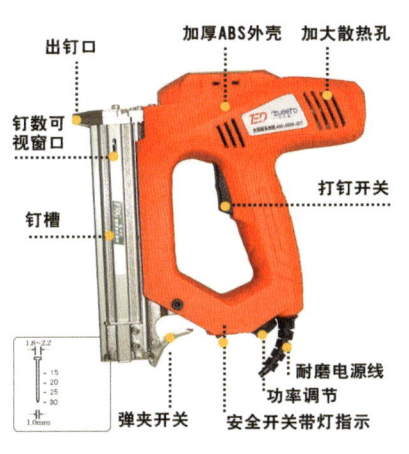
（a）电动钉枪

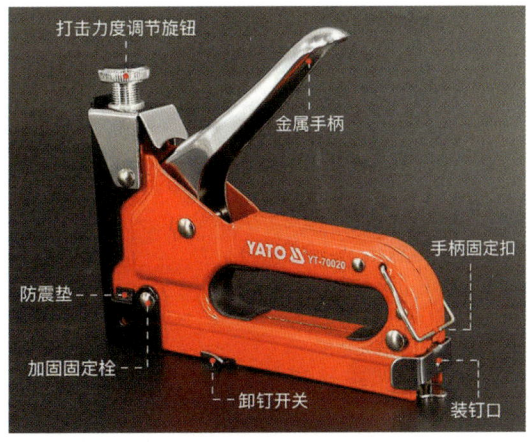
（b）手动钉枪

图5-9 钉枪

- 名称：钉枪
- 特点：操作简单、手持重量轻，无油液损耗，施工方便
- 用途：适用于板材与板材或界面基层之间的连接，铝门窗制作等
- 使用方法：手持操作

图5-9（a）：电动钉枪壳体中设有加速线圈，加速线圈中设有冲锤轨道，冲锤体可在冲锤轨道中移动，冲锤体由导磁材料制成，冲锤体前端设有撞针，控制开关控制电动钉枪工作。

图5-9（b）：手动钉枪是一种便携式工具，通常用于将钉子或螺丝固定在各种材料上。这种工具利用弹簧或压缩空气产生高速冲击力，可以轻松地将钉子或螺丝嵌入材料中，从而实现紧固连接。手动钉枪广泛应用于建筑、家具制造、木工、装修和制造业等领域。

表5-2　　　　　　　　　　　　　　　气动钉枪种类

种类	图例	特点	用途
直钉枪		使用的钉子为直钉	用于普通板材间的连接和固定
钢钉枪		比直钉枪体型、重量、冲击力更大	用于板材与墙体基础钉接
码钉枪		枪嘴为扁平状，适合码钉的射出	用于板材与板材之间的平面拼接
蚊钉枪		与直钉枪造型一模一样，但体型略小，且枪身放不下直钉，只能放专用的蚊钉，打钉时需要倾斜45°斜钉	用于饰面板等较薄的饰面材料的固定，钉完后无明显的钉眼，具有美观性

5.1.7 修边机

修边机又被称作"倒角机",是一种集电动机、刀头以及可调整角度的保护罩于一体的多功能设备。它广泛应用于木材倒角、金属修边以及带材磨边等场景,展现出卓越的性能。此外,它还可以针对不同尺寸和厚度的金属带,轻松完成斜面、直边等复杂磨削工艺。

修边机分为固定式和活动式两种类型。固定式修边机便于手持操作,是打磨木材边角、进行修边和磨边处理的理想选择。而活动式修边机则需要先将设备固定好,再逐渐将木材推进行精细磨削(图5-10)。

5.1.8 风批

风批又名"风动起子""风动螺丝刀"等,属于气动工具,这种设备能固定不同规格的螺钉,主要是用气泵作为动力来运行,可用于各种装配作业,适用于石膏板、家具柜门铰链等的安装(图5-11)。

(a)活动式修边机

(b)固定式修边机

图5-10 修边机

- 名称:修边机
- 特点:具备粗磨、精磨、抛光等功能,操作简单、施工方便
- 用途:用于修平贴好的饰面板和木线条边缘,也可用于木材边缘的造型倒角,雕刻简单花纹
- 使用方法:将裁切成型的板材放置到操作区,并设置好修边角度与深度,通电后操作

图5-10(a):活动式修边机常被用于将直角打磨成圆角,让木板的边缘变得光滑圆润。此外,它也常被用于木材的适当抛光处理,提升木材的质感和美观度。它常被广泛应用于建筑领域,梁、板、柱、墙等结构,都可以通过它来进行加固和装饰。

图5-10(b):固定式修边机底座固定,能批量高速对分条后的金属带材进行精细的打磨和抛光,去除两侧的毛刺,或将其倒角至所需的弧度。无论是不锈钢、铜带还是铝带,都可以轻松应对。

- 名称:风批
- 特点:操作简单、施工方便、装配速度快、工作效率高
- 用途:适用于拧紧和旋松螺丝、螺帽
- 使用方法:通电后操作,按下转动开关,确认转动方向,根据需要调整转速、转动力度即可

图5-11:风批的运作原理是借助空气压缩机将空气压缩,然后利用这些压力驱动叶片,进一步推动转子运转。在转子的驱动下,螺丝刀得以旋转,从而实现螺丝的松动或紧固。

图5-11 风批

5.2 柜体制作工艺

要熟练地掌握柜体的制作工艺，首先需要了解柜体制作的相关流程，具体如图5-12所示。

5.2.1 识图

在正式下达生产任务之前，设计师应对设计图纸进行细致入微的审核，需要确保图纸能够精确且全面地应对客户的需求，同时避免任何可能的失误，确保施工人员能够准确理解图纸的内涵，从而使生产任务得以正确且顺利地展开（图5-13）。

5.2.2 拆单

拆单工序在定制家具中扮演着至关重要的角

图5-12 柜体制作工艺步骤

图5-12：柜体制作工艺步骤在家具制作中占据重要地位。其中拆单、修补板件是需要人工精细控制的流程。

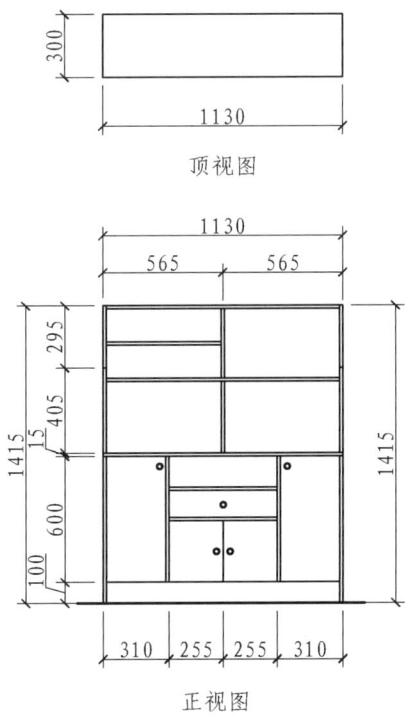

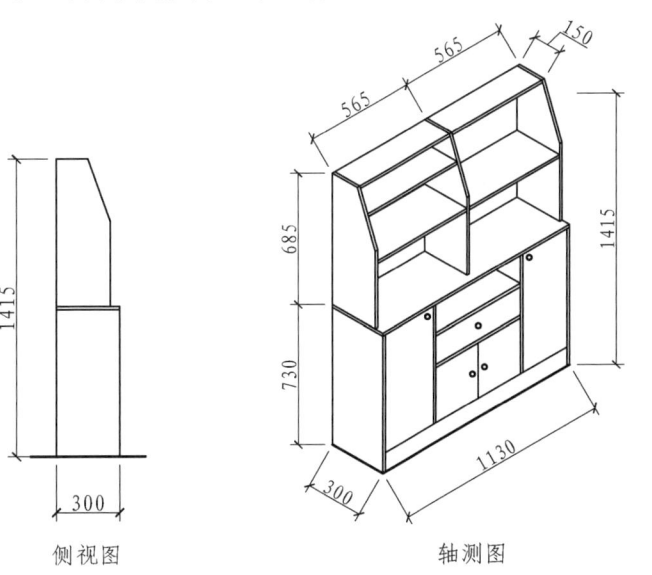

图5-13（a）：定制家具产品的设计图纸在下单前要进行多方审核，审核通过才可进入生产流程，通常设计图纸以轴测图为主，且多会根据设计情况绘制产品拆分后的设计图纸，可选用专业的设计软件来完成，这样工作效率也会更高。

（a）设计图纸

图5-13 柜体设计图纸

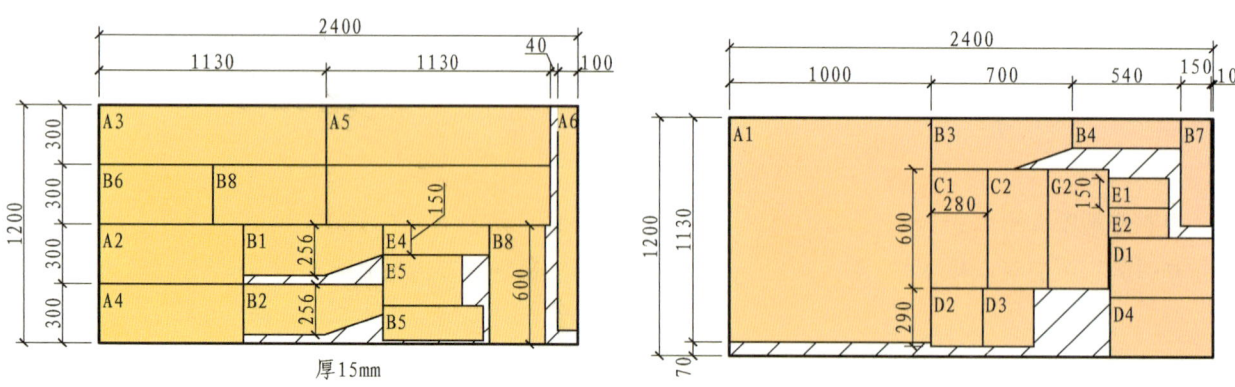

（b）板料下料图

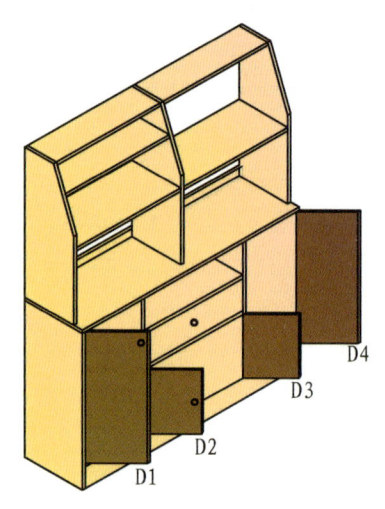

（c）装配示意图

（d）安装成品效果图

图5-13 柜体设计图纸（续）

图5-13（b）：裁切下料时，力求在一块完整的木板上进行加工，避免任何不必要的浪费和剩余。巧妙地规划家具的各项尺寸，以便后续的加工和组装顺利进行。

图5-13（c）：在装配家具的过程中，务必遵循指导书及编码顺序进行规范组装，避免任意混搭或拆解。

图5-13（d）：定制的成品家具，与空间尺度极为契合，每一寸空间都得到了充分利用，同时兼顾了实用性与美观度。

色，它是将设计图纸转化为加工文件的关键过程。拆单的主要目的是将前期设计好的定制产品订单拆分成具体的零部件，并根据零部件的加工特性，在加工过程中进行分组加工。拆单处理流程如图5-14所示：

（1）仓库备料。
（2）拆单人员拆单。
（3）机器加工。

5.2.3 开料

开料是对加工板材进行裁切，普通裁板锯是电子开料锯的补充工具，主要可用于裁切部分非标准、用量较少的板件，例如运输过程中出现损坏、需要补发的板件。

柜体制作的每一步工序完成后，施工人员会将板件放置在运输轨道上，启动按钮便可将板件运输

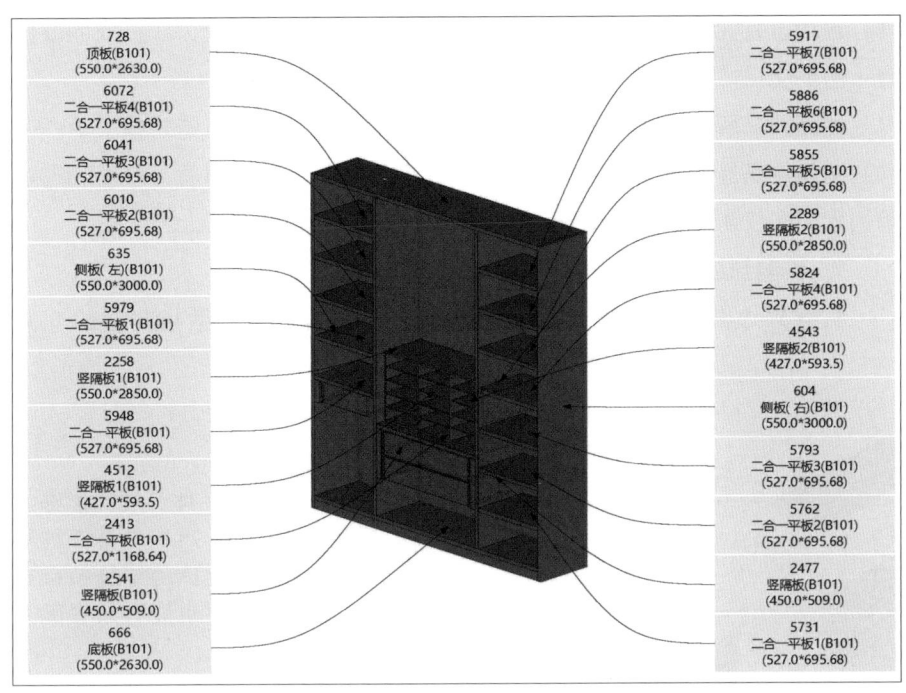

图5-14：拆单是对定制家具产品结构的深入剖析，通过这种形式，用户和设计师能够更直观地了解产品的构造。通常，拆单操作是通过计算机来完成的，为了实现前端设计销售和生产的高效对接，拆单操作通常会被整合到消费者管理系统（CRM）中。除了上述基本结构部件之外，柜体还有许多辅助性的结构部件，如拉手、铰链、滑轨等。

图5-14 组成柜体的结构部件

图5-15 开料的流程

图5-15：开料是一个至关重要的环节，是对整张板材切割分解的重要工艺，目前多采用电子开料锯实施，拆单数据预先精准输入计算机，经过数据分析处理后输送给电子开料锯。

至下一个工艺制作点，轨道中间需预留出足够的空间，以供施工人员安全通行，且运输时应当将活动轨道与固定轨道连接在一起，以形成一条完整的运输轨道，这种工作方式不仅方便、快捷，同时也能有效提高工作效率。

开料的具体流程如图5-15所示。

在开料系统中，可获取准确且完整的开料数据，定制家具软件还会自动生成产品分解图与开料明细单，这些都将成为开料的重要参考资料（图5-16～图5-19）。

5.2.4 封边

封边能为板材边缘赋予光滑的质感，从而显著提升柜体的整体美感和使用寿命。在定制家具产品中，我们通常采用全自动封边机对板件进行精细处理，这种设备凭借其高度自动化、高精度和美观的特点，成为了行业的佼佼者（图5-20）。

然而并非所有板材都适合用全自动封边机封边。在某些特定情况下，手动封边仍然是最佳选择。具体而言，我们需要根据板材的材质、厚度和形状等因素，来权衡应该使用全自动封边机还是手动封边。

1. 机器封边

机器封边常用设备包括直线封边机、曲线封边机和数控封边机。其

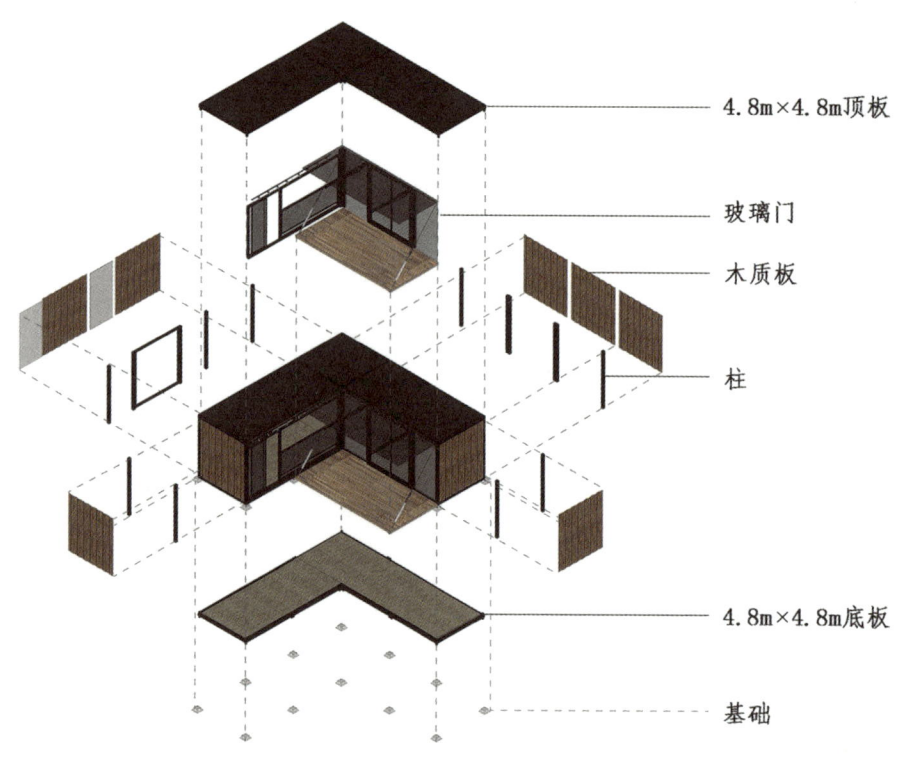

图5-16：柜体分解图能够为开料提供一定的参考，这种形式能使柜体的结构特点更鲜明，同时也能有效提高开料的精准度。

图5-16　柜体分解图

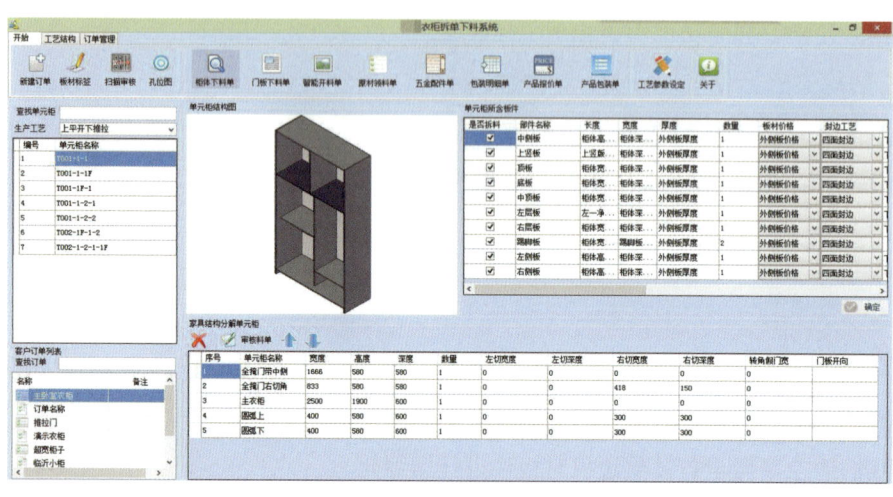

图5-17：柜体由不同的结构部件组成，这些部件承担着不同的作用，通常会在下料系统中详细标明。

图5-17　柜体下料系统

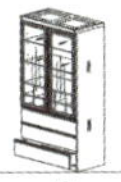

共　页第　页

开料明细表				制表	
				校对	
产品名称	酒柜	产品型号	83311	审批	
产品规格	800×400×1800	产品颜色	金柚色	版制	

单位	mm						
序号	零部件名称	零部件代号	开料尺寸	数量	材料名称	封边	备注
1	外侧板	01-1	1859×375×18	2	金柚色刨花板	4	
2	底板	01-2	761×359×15	1	金柚色刨花板	4	
3	层板	01-3/4	761×359×18	2	金柚色刨花板	4	
4	顶板	01-7	749×375×40	1	金柚色刨花板	4	成型开料
5			760×390×15	1	金柚色刨花板		加厚
6			760×60×25	2	金柚色刨花板	封1长边	
7			270×60×25	3	金柚色刨花板	封1长边	
8	上背板	01-10	907×761×15	1	金柚色刨花板	4	
9	下背板	01-11	951×761×15	1	金柚色刨花板	4	
10	前脚条	01-12	761×59×15	1	金柚色刨花板	4	
11	格横板	01-5	761×359×15	1	金柚色刨花板	4	
12	格立板	01-6	280×359×15	4	金柚色刨花板	4	
13	抽面板	01-13	797×167×15	3	金柚色刨花板	4	先开槽后封边
14	抽侧板	01-14	349×129×15	6	金柚色刨花板	4	
15	抽尾板	01-15	710×129×15	3	金柚色刨花板	4	
16	抽底拉条	01-16	333×79×15	3	金柚色刨花板	4	
17	抽底板	01-13	345×722×5	3	金柚色		
18	顶板前条	01-8	800×41×25	1	实木[水冬瓜]		
19	顶板侧条	01-9	376×41×25	2	实木[水冬瓜]		

图5-18　柜体开料明细

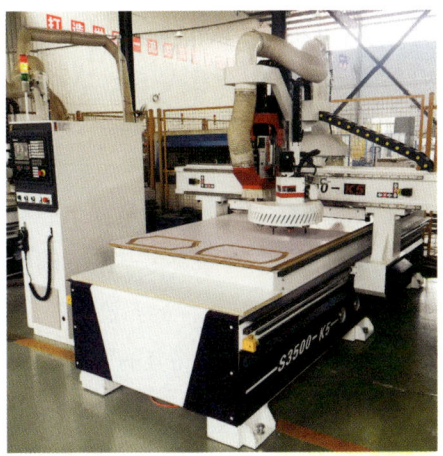

图5-19　板材开料

图5-18：自动拆单完成后会生成开料明细表，该表格中包括了柜体制作所需板材的类别和规格，这也是后期组装与包装的必要资料，该表格也能指导安装人员正确进行安装工作。

图5-19：板材开料一定要保证裁切数据的正确性，且在正式裁切之前，要仔细检查裁切设备是否能正常使用，注意做好防护工作。

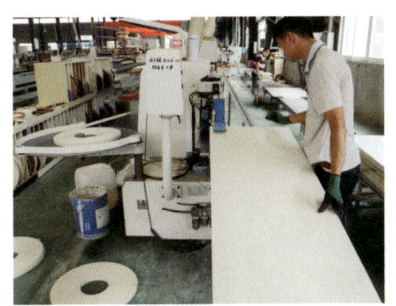

图5-20　板材封边

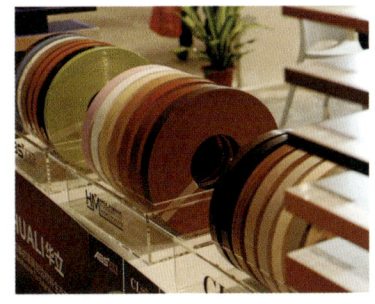

图5-21　封边线条选择

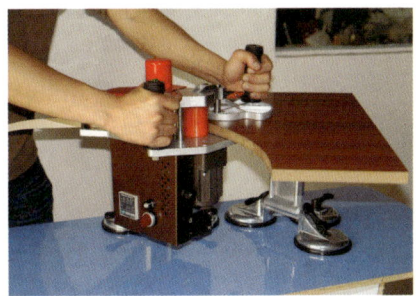

图5-22　手动封边

图5-20：机器封边十分智能，封边时只需将板件放上封边机轨道即可，注意做好基本防护工作。

图5-21：封边时应当根据不同板件的色彩型号，选用色彩相近或同型号的封边线条。

图5-22：手动封边机对异型板件封边具有良好效果，封边造型应用自如。

中，直线封边机适用于规则板材封边；曲线封边机则适用于异型封边；数控封边机可应对特殊曲面封边需求。这些自动化封边设备的效率都非常高（图5-21）。

2．手动封边

柜体部分异型结构仍需手动封边，手动封边机操控简易，作业范围广，可确保热熔胶不焦、不漏。适用于各类板材的直、曲线封边，也适合家具、橱柜、教具等制造商选用（图5-22）。

5.2.5 槽孔加工

定制家具产品的槽孔加工大多依赖数控钻孔中心，这一设备能在一台机器上完成板件多向的钻孔、开槽、铣削等工艺。数控钻孔中心有效避免了多台设备调整复杂、工序繁多带来的困扰。在施工过程中，需要留意的是板件的归置问题，应根据其批次、尺寸和力学特性等，将其有序地放置在推车上，等待下一工序的到来。槽孔加工的步骤如图5-23所示。

孔槽加工与开料皆为机械制造领域的重要环节，为确保生产过程安全无忧，每台机械设备上都装配了一个应急制动按钮。一旦遭遇卡板或其他突发状况，操作人员只需轻轻按下这个救命按钮，设备便能立刻停止运行。这一精心设计无疑为施工人员的生命安全提供了更为可靠的保障，让工作环境更加安全（图5-24～图5-26）。

5.2.6 修补板件

在生产过程中，由于步骤较多，不同功能的板件在运输过程中难免会出现摩擦与碰撞，板材表面也会出现一些细微的伤痕，为了保证柜体的稳固性与美观性，应及时修补板件破损部位（图5-27）。

5.2.7 封装入库

柜体制作完后，还需用专业的设备进行板材入库数据统计，并根据编码将成品板材放入库房中，等待物流出仓，这些数据是后期板材运输和核对的重要参考资料。

图5-23 槽孔加工步骤

图5-23：槽孔加工技术已经成为关键的工艺之一。在用机器实施槽孔加工后，需要人工检查完成质量，并对板材表面进行二次清洁。

图5-24 板材钻孔

图5-25 清理板材表面残渣

图5-26 紧急按钮

图5-24：板材钻孔技术在现代工业制造领域中具有广泛的应用，其高效、精准的特点使生产效率极大地提高，机械钻孔能统一钻孔的深度与孔径，形成统一的安装效果。

图5-25：在清理板材表面的残渣时，需要使用适当的工具和材料，如砂纸、清洁剂和钢丝绒等。清理的力度也需要掌握得当，以免过度磨损板材表面，导致不必要的损失。

图5-26：紧急情况时有发生，无论是突发疾病、火灾还是地震，当危险来临时，能在第一时间做出正确的判断并按下紧急按钮，将为挽救生命争取宝贵的时间。

图5-27：修补前将腻子与颜料混合，精心调配出与板材原色极度接近的色泽，便能更高效地掩盖住板材上的瑕疵和伤痕。在修补的过程中，应将调和好的腻子浆均匀地涂抹在板件表面，等待其干燥固化后，再以砂纸细心打磨。目的是确保修补过的部位表面更加光滑、平整，呈现出完美的视觉效果。

图5-27　修补板件

5.3　门板制作工艺

门板制作的相关流程具体如图5-28所示。

门板主要功能是划分柜体内外空间，同时具有出色的防尘、防水性能。在定制家具产品中，门板是经常需要开关的活动部件。移门和平开门是最常用的两种门板类型。移门使用方便，能够有效节省空间；而平开门则需要较大的空间才能开启（图5-29、图5-30）。

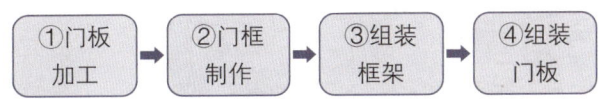

图5-28　门板制作工艺步骤

图5-28：门板制作是家具制作中不可或缺的一部分。门板不仅能够保护家具柜体内部隐私，还能够起到隔音、保暖、装饰等作用。其中框架组装应当精确严密，避免影响后期门板组装。

图5-29　衣柜平开门

图5-30　衣柜移门

图5-29：与衣柜移门相比，衣柜平开门的密封性更好，这一点在潮湿的南方地区尤为重要。衣柜平开门的使用寿命较长，因为其结构和材质更为简单和坚固。

图5-30：衣柜移门能够最大程度地节省空间。此外，衣柜移门的样式多样，可以满足不同消费者的审美需求。

5.3.1 门板加工

门板加工与柜体加工的施工要领大体一致,但在具体执行时,需要根据设计需求选择适宜的板材。例如,壁柜门应选择厚度在8~12mm的木板,这样制作出的壁柜门使用起来会更加稳定,使用寿命也能大幅延长。

门板的常见加工方式包括平板、织物软包、透雕图案等,每一种都有其独特的魅力。特别是织物软包,其装饰效果尤为突出。在施工过程中,首先会以人造板为基材,对基层进行清理,确保基层表面干净无尘。然后在人造板表面粘贴海绵等填充物,最后再包覆上织物、艺术玻璃、透雕板等材料。这种加工方式不仅能够提升门板的观赏性,还能有效增强门板的隔声性能(图5-31、图5-32)。

5.3.2 门框制作

定制门框的创作,需要综合考虑客户的个性化需求、室内空间的高度等因素,从而选择适宜的材质和精确的门框尺寸。门框的构造主要可分为两大类别:第一类是采用45°斜角拼接门框(图5-33);第二类则是垂直组合式门框(图5-34)。市面上常见的门框样式繁多,包括人造板门框、金属门框等不

图5-31 门板加工

图5-32 门板封箱

图5-31:门板在制作时可做成凸凹造型,应根据客户的要求进行门板基材加工。

图5-32:加工好的门板应用薄膜包覆,检查完毕确认没有破损后,才可装箱封存。

图5-33 45°斜角拼接门框

图5-34 垂直组合式门框

图5-33:45°斜角拼接门框在外形上呈现出45°的倾角,纹路会更漂亮。在拼接角部时,务必在角落处嵌入预制件,接着用螺钉稳固地将门框固定到位。

图5-34:将垂直组合式门框与门板直接无缝拼接,无丝毫弧度,垂直整合时,应将横线框的端头通过螺钉稳固地连接到竖框上,确保门框四个角落的规整,上下边框要保持平行。

同类型，它们风格各异，能够为环境空间增色添彩。

1. 人造板门框

人造板门框的高度，一般约为2400mm，这个尺寸可以满足大部分需求。然而受到人造板规格的约束，通常不会将门框做到顶部。在特殊情况下，如果需要将门框做到顶部，就必须将柜门分为上下两个部分来制作。

2. 金属门框

金属门框通常用铝合金型材打造而成，这种材料不仅坚固耐用，而且质感独特。柜门的尺寸约为3600mm高，这一设计旨在满足现代审美需求，同时又能与柜体外观保持协调一致。为了进一步增强柜体的整体性，许多生产商会在型材表面进行覆膜处理。

5.3.3 组装

门板的具体组装工作应符合设计图纸的要求，通常门板上会预留钉眼，施工人员使用专用的工具便可进行安装。下面以衣柜推拉门为例介绍门板的具体组装步骤（图5-35、图5-36）。

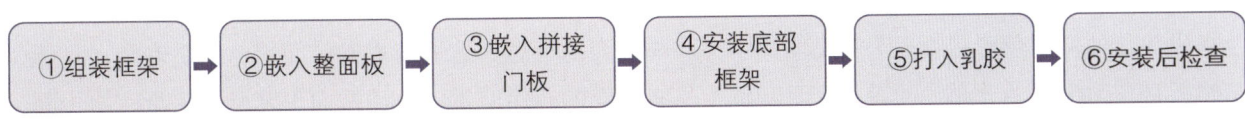

图5-35 门板组装步骤

图5-35：门板框架组装后要保持平整，才能保证嵌入的面板不变形，门板最终的严密性需要通过注入乳胶来提升。

（a）框架组装

（b）嵌入整面板

（c）嵌入拼接门板

图5-36 门板组装

图5-36（a）：预埋门板连接件，依照图纸在框架上开孔，再以五金件将组合好的框架稳固连接。底部框架需留出，以便门板顺畅安装。

图5-36（b）：在框架搭建完毕之后，便可着手嵌板工作。嵌板分为整体板材与彩色拼接门板两类，它们的差异会导致组装流程有所不同，因此需谨慎对待。

图5-36（c）：拼接好的门板巧妙地融入铝合金线条，既隐藏了板面的拼接缝隙，又提升了整体美感。

(d)安装底部框架　　　　　　　（e）打入白色乳胶　　　　　　　（f）门板安装

图5-36　门板组装（续）

图5-36（d）：门板嵌入后，即可搭建底部框架。同时预留框架的安装，此时可顺势装上顶部滑轮。

图5-36（e）：门板安装完毕后，还需在框架与门板交接处打入白色乳胶，这样才能保证框架与门板处的无缝连接。

图5-36（f）：门板安装至柜体上，为了确保后期使用，还需做开合试验，注意门板的风格应当与柜体的风格相一致。

- 补充要点 -

免漆工艺

免漆工艺是一项在板材表面包覆一层装饰层的精细工艺。这层装饰层通常由三聚氰胺装饰贴纸制成，其独特的色彩和纹理为家具增添了高雅与时尚的气息。这种技术操作简单，经济安全，且能使板材获得出色的光泽，使其在家具制造中具有广泛的应用前景。免漆贴面工艺已被广泛应用于面板和装饰部分。通过这种工艺，板材表面被装饰层覆盖，无需再次覆膜或装饰，只需对边缘进行精细处理即可。这种工艺不仅提高了生产效率，还降低了生产成本，同时也避免了因多次覆膜或装饰而产生的安全隐患。

5.4　饰面制作工艺

饰面制作的相关流程具体如图5-37所示。

5.4.1　原料加工

在饰面板的制作过程中，纤维板常被选为理想的基材。这种材料可以通过一系列精细的工序进行处理，包括开料和铣型等步骤。其中，铣型加工是一个关键的过程，它需要使用到数控雕刻机这一强大的设备。

数控雕刻机不仅能够用于加工板材表面纹路，还

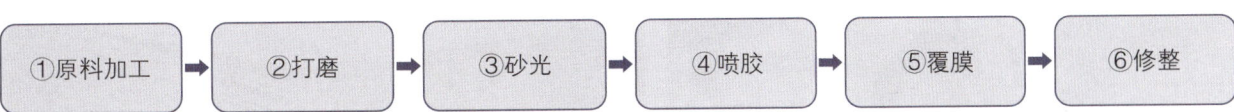

图5-37 饰面制作工艺步骤

图5-37：饰面制作工艺步骤较严格，以高级木饰面为例，其制作过程重点在于覆膜，需要在局部造型上，采用烤枪加温，让覆膜材料完整贴合板材表面。

可以在板件表面铣削出精美的纹样。在进行铣型加工时，需要注意核对设计图纸尺寸的准确性，尺寸的准确性对于最终产品的质量至关重要（图5-38）。

5.4.2 打磨与砂光

在进行雕刻加工之后，需要对板材进行必要的打磨和砂光处理。这个步骤是为了使板材的表面触感更加光滑，并且能够获得尺寸更加精确的板件。然而需要注意的是，在打磨之后必须进行除尘处理，以确保黏结基层的干净和整洁。如果板材表面的灰尘过多，很有可能会导致胶合强度下降，从而影响最终的加工结果（图5-39）。

5.4.3 喷胶

在板材表面进行喷胶工作时，通常在专门的喷胶车间内进行。为了确保喷胶质量，需要保证车间内的温湿度处于正常范围，并且二者要相互平衡。此外，在进行喷胶之前，必须彻底清除板面与四边的余灰。

在喷胶过程中，应均匀地将胶水喷涂在基材表面，并根据贴面材料的要求调整喷胶量。为了达到最佳效果，应选择正确的喷涂方法。完成喷胶后，将板件放置在专门的晾干区域，经过一段时间的晾干后，再进入下一道工序。夏季的晾干时间通常需要20~30min，而冬季则需要40~60min。这是因为温度对胶水的干燥速度有一定影响，因此要根据季节的变化适当调整晾干时间（图5-40）。

5.4.4 覆膜与修整

1. 覆膜

覆膜的方法多种多样，不同饰面的板材，其覆膜方式也会有所差异。如果板面是平整的或规则的形状，可以选择后成型的方法进行覆膜。而表面带

图5-38 板材铣削纹样

图5-39 板材打磨、砂光

图5-38：使用数控雕刻机加工后的板面在视觉上会更有凹凸感，板材表面的纹路也会更清晰。

图5-39：经过打磨、砂光后的板材表面光洁度会更强，最后成品的覆膜效果也会更好。

(a)自动喷胶机　　　　　　　　　　　　（b）板材晾干

图5-40　板材喷胶

图5-40（a）：在使用自动喷胶机时，我们应该根据板材的厚度和材质选择合适的喷胶量。通过调节喷胶机的参数，如喷胶速度和喷射角度，来精确控制喷胶量。

图5-40（b）：喷胶结束后，还需要注意板材的干燥过程。由于胶水需要一定的时间才能完全固化，因此应该将板材放置在晾干区域进行晾干，需避免板材因胶水未干而发生变形或损坏。

有雕刻装饰或复杂造型的板件，则更适合采用真空覆膜技术。

真空覆膜技术主要利用真空覆膜机来抽取真空，从而获得负压状态。这种设备可以将各种PVC膜紧密地贴附在家具、橱柜、工艺门、装饰墙板等家具表面。这种设备不仅可以对贴面材料施加压力，还能够均匀地施压在异型板材表面。经过真空覆膜处理后的板件不仅外观精美，而且花型饱满、润泽（图5-41）。

覆膜后的板件表面，常常会呈现出一种相对单调的外观。此外，贴面材料的柔韧性和延展性受到各种因素的影响，导致板件造型中微小曲面部分的半径稍大。这种局限性也会使得板件表面线条的清晰锐利度有所降低。为了丰富板材饰面效果，可以根据风格要求进行手工装饰，从而使板材更加美观。

2. 修整

在覆膜工艺中，常常会遇到一个问题，那就

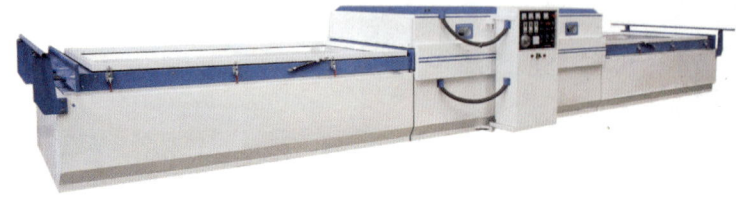

图5-41　真空覆膜机

- 名称：真空覆膜机
- 特点：工作效率高、施工效果好
- 用途：可用于零件单、双面覆膜，也可用于各种橱柜门板覆膜、软包装饰皮革等材料表面，及四面覆PVC、木皮、装饰纸等材料
- 使用方法：可一次性加工多个板件，操作时应将板件平稳地放置在覆膜机上，然后通过加热使膜软化，再抽真空产生负压，从而将贴膜压紧到板件表面

图5-41：真空覆膜是一种能够产生、改善和维持真空状态的装置，能快速完成大幅面板材表面覆膜。

图5-42　板材覆膜

图5-43　实木饰面定制家具

图5-42：板材覆膜后，外表看到的效果和直接进行雕刻的效果一致，同样具有加工效率高、材料利用率高等优势。

图5-43：实木饰面板具有比较真实的手感，且饰面纹理大气，能形成比较好的视觉效果。

是板件边缘会留下膜的残余。为了保证板材的美观，需要使用刀片手动地将多余的部分修整掉。这个过程需要细心和耐心，以确保边缘平整无痕（图5-42、图5-43）。

5.5　规模化生产

定制家具之所以能迅速高效地生产，其关键在于生产系统具备高度的自动化与信息化水平。这不仅能满足定制家具多品种、小批量生产的需求，还能缩短产品的生产周期，不断优化生产工艺。

5.5.1　标准化生产

在传统生产工艺流程中，原材料和板件的辨识主要依赖人工操作，这种生产方式效率低下，准确度不高，且要求工作人员具备较高的职业素养和技能水平。若工作人员的综合能力不足，很可能导致裁切、铣型等方面的失误。

如今我国板件在生产过程中普遍采用扫描条码的方法进行识别。条码包括一维和二维两种类型，其基本原理是通过数字编码技术存储信息，并使用扫描设备进行编码识别。由于二维条码在两个方向上都能存储信息，存储量大于一维条码，且占用空间更小，信息抗损毁能力更强，因此成为定制家具生产的主流选择。

在板件加工完成后，工作人员会将软件自动生成的背胶纸质条码粘贴到板件上。通过条码，生产信息系统能够监控每一块板件的生产进度，从而有效控制整个订单的进度（图5-44、图5-45）。

图5-44 自动化生产线

图5-45 板件二维码

图5-44：在家具制造领域，自动化生产线能提升板件传输速度，让板件快速移动到下一个工区继续加工。

图5-45：板件二维码不仅可以帮助施工员查询产品的生产厂家和物流信息，还可以为消费者提供售后维修、维权服务。

目前，定制家具的订单信息可以通过多种方式呈现，如图纸、标签和条码等。生产端可以通过人工操作、扫描条码或直接接收输入信息等方式识别订单信息。其中，条码中包含了板材零部件的常用信息，如零部件名称、订单号、用户、零部件编号、材料特性、包装信息和发货信息等。这些条码信息可以在各个工序加工前后进行扫描，并输入计算机系统，以便系统能够识别板件的相关信息。

包装标签则用于在物流运输和安装过程中识别包装信息。这些标签上通常包含了产品的详细信息，如产品名称、规格、数量和重量等。它们可以帮助物流人员快速准确地找到所需的包装，并确保产品能够按时送达目的地（图5-46）。

5.5.2 自动化生产

自动化生产需设备能自信息化指令中觅得行动指南，依生产文件要求圆满完结各类加工。全自动开料锯、数控加工中心等皆配备信息化接口，只需在开料锯上搭载"信息化执行系统"，输入板料规格、色泽、纹理方向等信息，设备便会依生产文件规格自动执行锯板操作。

数控加工中心亦拥有匹配软件的信息化接口，因而可实现各类自动加工。对于尚未能信息化改造

图5-46：家具订单信息，只需轻轻一扫条码，即可实时呈现在电脑屏幕上。这种方式既安全又便捷，能够全方位保护消费者的个人信息。

图5-46 家具订单信息

- 名称：自动排钻机
- 特点：工作效率高、精准度高
- 用途：能根据数字文件对孔位、孔径、孔深等的指令要求进行自动化钻孔处理
- 使用：根据文件指示作业

图4-47：信息化执行系统能够对设备进行实时监控和管理，确保设备在最佳状态下运行，从而降低设备的故障率，提高设备的利用效率。

图5-47 自动排钻机

的工序，增设显示屏指导工人操作，扫描待加工零部件上的条码，显示屏即展示该零部件加工操作的工艺步骤，并以信息化数字文件指导工人具体加工操作（图5-47）。

5.6 预装拆解流程

定制家具预装拆解的相关流程如图5-48所示。

在定制家具正式发货运输之前，需要预先在生产车间确保所生产的家具尺寸没有问题，检查家具的钉眼位置、板块数量是否正确，同时核对多项信息。

5.6.1 核对板材数量与编号

定制家具发货运输前，务必在生产车间组装，确保尺寸精准，钉眼、板块无误，并核验客户收货地址与信息（图5-49）。

5.6.2 预装螺丝

搭载专业安装工具，预装过程无需固定家具，仅需验证家具组装的可能性。检查板件间的开孔是否对准，用电动螺丝刀预装螺丝，确保最终的安装效果（图5-50）。

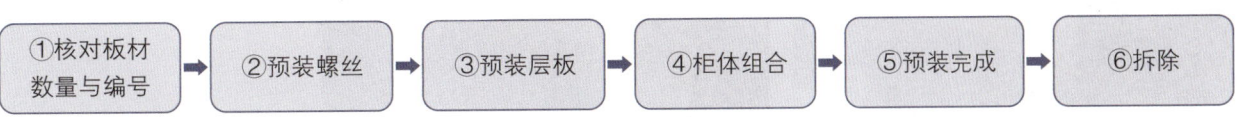

图5-48 预装拆解步骤

图4-48：掌握预装拆解步骤，不仅可以提高安装速度，还能让家具使用寿命相应延长。预装时柜体的组合不必牢固，只要确保安装孔位正确即可。

5.6.3 预装层板

组装柜体时，一般从底部着手，遵循"底部为基础，层板向上，顶板封顶"的顺序进行。安装过程中，应根据螺丝位置将板件精准拼接，并用三合一连接件与螺丝紧固，力度控制在70%范围内，以便日后拆卸。在预装阶段，务必严守板件拼接的顺序，自下而上组装层板，以确保顺利完成（图5-51）。

5.6.4 柜体组合

如果有多个柜体，预装时则应先安装单个柜体，再根据设计图纸将其组装在一起，注意在预装过程中，需仔细检查板件的螺丝孔与螺丝是否能够轻松对上，板材与板材之间是否能准确对齐等（图5-52）。

图5-49 平铺板件

图5-50 预装螺丝

图5-49：将家具的所有板材按照安装顺序依次整齐放置在工厂预装区域，中间要留出供人行走的位置。

图5-50：清点完板材后应将螺丝上到板件上已开好的孔内，注意螺丝要垂直于板件，螺丝需上到刚好与板件的孔面齐平。

（a）预装底板与第一块层板

（b）预装第二块层板

图5-51（a）：第一块层板需仔细检查孔洞位置的精准度。

图5-51（b）：依次安装第二块层板，反复检查安装位置与安装逻辑。

图5-51（c）：第三块层板的孔洞位置与第一块对应。

图5-51（d）：第四块层板是封顶板，孔洞位置又有所不同。

（c）预装第三块层板

（d）预装第四块层板

图5-51 预装层板

(a) 检查安装好的单个柜体

(b) 连接组合柜体相邻侧板

(c) 按顺序预装新柜体的层板

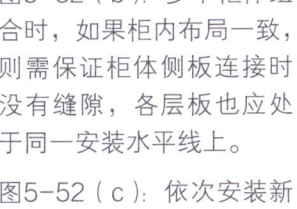
(d) 柜体组合后检查

图5-52 柜体组合

图5-52（a）：单个柜体安装完毕后再次检查安装逻辑是否有错误。

图5-52（b）：多个柜体组合时，如果柜内布局一致，则需保证柜体侧板连接时没有缝隙，各层板也应处于同一安装水平线上。

图5-52（c）：依次安装新柜体的层板，在第一个单体柜安装的基础上，预装会越来越顺利。

图5-52（d）：仔细检查预装后的效果，保证所有孔洞都能完全对应。

图5-53 定制家具预装完成

图5-54 板材打包

图5-53：定制家具务必与设计蓝图严格对应，安装人员还需进行尺寸复核，以确保家具尺寸与订单定制尺寸契合无误，符合"尺寸必争，毫厘不差"的原则。

图5-54：拆除后的板材应集中堆放在传送带上，要确保拆除后的板件数量没有任何缺失。

5.6.5 预装完成

预装完成后，还应根据设计图纸，仔细检查安装好的板件，并确认其没有误差、变形、开裂等情况，在整个安装过程中，整个柜体无需竖立起来（图5-53）。

5.6.6 拆除

在确认预装家具多方面正确无误后，可按原状拆卸。拆卸过程中，对已拆开的零件还需详加检查，确保无一遗漏，然后交给打包人员。建议多备2~3个零部件，以免客户自行组装时，因零件丢失而影响进度（图5-54）。

预装的核心目的在于检验家具安装的可行性，同时预防施工现场的失误，避免不必要的返工。一旦在预装过程中发现问题，必须迅速进行修正或重新制作相关部件，确保客户获得优质产品，从而为生产企业树立良好口碑。

5.7 包装与运输

5.7.1 包装

定制家具的板件,可使用硬纸板进行包装。根据板件的大小,应进行整合包装,同时根据板件的功能差异,可分为柜体、柜门、五金件等不同类型。在包装过程中,选用适当的硬纸板,并裁剪出大小适宜的纸包,既保证包装的稳固性,又节省空间。正确的裁切方式可以提高包装的精度和效率。如果裁切不准确,将会导致包装盒大小不一,形状不同,甚至有可能出现裁切过度或者不足的情况。

由于定制家具尺寸繁多,且有固定规格的包装箱,因此每个纸包都需单独裁切(图5-55)。裁切方式通常包括手工裁切和机器裁切两种。

(1)手工裁切。灵活方便,能根据板材的长度来量身裁切,节省纸皮,但不够整齐、美观。

(2)机器裁切。裁切规格统一,但会有过多空隙,纸包包装需填充发泡聚苯乙烯棉。

5.7.2 存储与发货

1. 存储

在定制家具的生产流程结束之前,或者成品开始进入物流环节之前,它们都需要在工厂内进行暂时的周转存储。存储这些周转成品的场所就被称作"成品库"。值得注意的是,成品库的内部环境要求严格,既不能过于干燥,也不能过于潮湿,通风条件也需要达到规定的要求。此外,易燃、易爆物品

(a)清点板材

(b)码放板材

(c)做裁切记号

(d)裁切纸板

图5-55(a):清点好需要包装的板材,按照板材的大小、长短摆放。

图5-55(b):选择大小合适的硬纸板,将板材按照顺序依次码放在纸板上。

图5-55(c):确定板材在硬纸板上的位置,并做好记号。

图5-55(d):根据所标记的位置,使用裁纸刀匀速切割硬纸板。

图5-55 定制家具板件包装

（e）折叠纸板　　　　　　　　（f）粘贴透明胶带　　　　　　　（g）包装完检查

图5-55　定制家具板件包装（续）

图5-55（e）：包装过程中，可几人配合操作，这样工作效率也会更高。

图5-55（f）：根据标线位置，将硬纸板弯折，将板材紧紧地包裹在里面，并使用透明胶带固定。

图5-55（g）：检查板材的边角处是否包装完好，边角部位应加入发泡聚苯乙烯棉，防止板材边缘受损。

是绝对禁止放置在成品库内的。定制家具在成品库中转期间，应当整齐、有序地分类码放，以便于后期提货时的操作（图5-56）。

2. 发货

定制家具在发货时，首先需要使用周转车将货物包装搬运到发货平台。然后对纸包上的条码进行扫描核对，以确保产品信息准确无误。确认无误后，将货物装车，统一发往物流点。定制家具的配送大多由第三方物流公司负责，货物会直接配送至全国各地的经销商或客户手中。在这个过程中，细

（a）升降机　　　　　　　　　　　　　　（b）高位货架

图5-56　定制家具板件存储

图5-56（a）：工作人员可利用升降机单独码放货物，这也方便清点与整补货物。

图5-56（b）：高位货架则是采用叉车升降货物，在存放货物时应对货架进行标号，这样后期查找、管理也会更有效率。

图5-57 包裹装车

图5-58 板件包装

图5-57：货车上堆积的层数不能大于5层，否则上层产品自重会对下层产品包装造成压载破坏。

图5-58：产品包装应当采用木料制作框架，并搭配胶合板围合包装，这种方式适合长途运输。

致的操作和准确的核对，都是为了确保货物能够安全、准时送达（图5-57）。

发货前应将需要出库的板材包裹有序地放置在出货区，等待装车，且出库前应在货架上平放24小时，需待板材适应了环境温度后再出库，这样也能有效防止板料出现变形（图5-58）。

本章小结

定制家具工艺水平的高低直接影响到产品质量、造型等方面，只有精湛的制作工艺才能保证定制家具产品的美观、完整与稳定。了解制作所需设备、分步制作要点，是保证定制家具产品生产顺利进行的必要条件。

课后练习

1. 定制家具的制作会用到哪些设备？请列举3个。
2. 定制家具的生产流程是什么？
3. 实木门板的优缺点有哪些？
4. 结合所学内容，谈谈你对定制家具的认识。
5. 考察当地家具市场或定制工厂，撰写一篇考察报告。
6. 结合党的二十大精神与中国当前所处的电商时代，试分析家具制造业的发展潜力与家具制造下游行业的关联性。

第6章 定制家具安装方法

学习目标：熟悉定制家具安装设备，了解安装工具的使用方法，能正确选用合适的工具按步骤进行家具安装。
学习难度：★★★★☆
重点概念：安装设备、安装流程、构件清查、五金件安装、验收

◀ 章节导读

在进行定制家具产品安装之前，应预先准备好相应的工具设备。根据设计图纸，将各个板件进行逐一分类，以确保没有构件遗漏。接着便可正式展开安装工作。安装结束后，还应进行一系列必要的检查。为了保证安装效果，必须对设计图纸有深入的理解，以便在安装完成后，能够细心地检查，确保产品验收顺利进行（图6-1）。

图6-1 定制家具安装完成

图6-1：定制家具安装时，要依据厂家的材料配置清单与设计要求进行组装，并及时与厂家保持沟通，力求安装顺利，获得完美的家具成品。

6.1 熟悉常用安装设备

6.1.1 冲击钻

冲击钻又称为电锤，是一种依靠强大冲击力进行钻孔的钻机，能驱动钻头高速旋转的同时，附带前后轴向锤击功能，能在钻孔的同时增加力量，破坏混凝土、砖块、石块构造，快速形成孔洞（图6-2）。

冲击钻使用时的具体注意事项如下：

（1）使用前查看电源电压是否为额定电压，检查机体绝缘防护情况，检查机器螺丝是否松动。

- 名称：冲击钻
- 钻头规格：主要有φ6mm、φ8mm、φ10mm、φ12mm、φ14mm等几种
- 用途：用于在混凝土楼板、砌筑墙体、石料、木板、多层材料上进行冲击钻孔，在孔洞上安装膨胀栓或膨胀螺栓，从而能安装家具柜体
- 使用：通电后，以旋转、切削、击打等综合方式达到钻孔的目的

图6-2：冲击钻由手柄、冲击机构、开关等部分组成。手柄通常由塑料或橡胶制成，以便于握持和操作。冲击结构通常由一个弹簧和一个撞针组成，可以在电动机的作用下产生冲击力，使钻头能够钻入硬材料中。

图6-2 冲击钻

（2）使用时选择合适规格的钻头，确保导线完整，避免油、水腐蚀电线，不可用力过猛或歪斜操作，有异常时需立即停止工作，注意调节好冲击钻的深度尺，冲击钻移动时不可拖拉橡套电缆。

6.1.2 手电钻

手电钻是以交流电源或直流电池为动力的钻孔工具，主要由电动机、控制开关、钻头夹等组成，这种设备有正反转和调速功能，携带方便，操作简单。工作时只有旋转功能，无击打功能（图6-3）。

手电钻使用时的具体注意事项如下：

（1）使用前检查电源线是否有破损，确保手电钻处于未开启状态。通电后应空转10s，检查钻头是否松动，小工件钻孔应借助夹具夹紧，手电钻外壳应当有接地保护措施。

（2）使用时应紧握手电钻，向下压的力度不可过大，钻头旋转方向要正确。清理刀头、换刀头等应在断电时进行，工件加工后不可立即接触钻头，电钻过热时应立即断电检查，电源线不可触及热源或被水浸渍。

（3）定期维护电钻并清洁污垢，定期更换电钻磨损的电刷，不使用时应切断电源。

- 名称：手电钻
- 钻头规格：主要有φ3mm、φ4mm、φ5mm、φ6mm、φ8mm、φ10mm等几种
- 用途：用于家具板材钻孔，开螺丝引孔、拉手孔，修改柜子结构孔位、连接柜子螺丝等
- 使用：使用时需配置十字螺丝批头，可用来安装三合一配件及其他配件螺丝

图6-3：手电钻由手柄、电动机、钻头组成。手柄的材质通常是橡胶和塑料的混合物，电动机负责产生强大的动力，驱动钻头旋转。钻头负责切割和钻孔。根据不同的用途，钻头可分为多种类型和尺寸。

图6-3 手电钻

第6章 定制家具安装方法

— 补充要点 —

手电钻与冲击钻的区别

1. 手电钻的功能较为单一，它主要适用于钻取金属、木材等单一材质的孔洞，或者进行螺丝拧紧等轻度作业；冲击钻具备前后轴向的冲击功能，其应用领域较宽，无论是砖墙、岩石还是混凝土都能钻孔。

2. 手电钻的旋转稳定性极佳，是金属、玻璃等细腻材质的理想钻孔工具，能精确定位，避免对材料的损害；冲击钻因为其前后轴向的冲击特性，无法完成精细度要求较高的小孔径钻孔作业。

6.1.3 开孔器

开孔器又称"名切割器"或"开孔锯"，它的配件阵容强大，包括支撑柱、弹簧、钻头等。开孔器类别丰富，可以对木材、玻璃、石材、金属等各类材质进行精准切割，满足各种应用场景的需求。家具制造领域常常使用普通合金材质的开孔器，它能够在各种木质人造板上轻松开孔，为家具中的五金配件和电气设备安装提供便利（图6-4）。

6.1.4 水平尺

水平尺是利用液面水平原理，以水准泡直接显示角度位移的计量器具，主要用于评估家具构造表面在水平、垂直和倾斜位置的偏离程度，展现出较好的功能性和便携性。水平尺若长时间不使用，应卸下电池或在金属部位涂抹一层润滑油，从而提高其抗氧化性能（图6-5）。

6.1.5 胶枪

胶枪是一种密封填缝打胶工具，它的种类丰富，主要有手动胶枪、气动胶枪和电动胶枪三大类。使用气动胶枪时，应当佩戴护目镜，以保护眼睛免受胶液的刺激，同时还要清理干净胶枪内部的余胶，确保胶枪的畅通无阻。使用电动胶枪时，需要注意不要让电源线接触到热源或者被水浸渍，以防发生危险。在使用前，应仔细检查电源线是否有

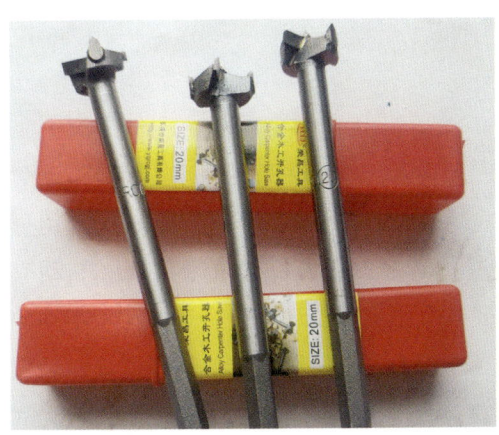

图6-4 开孔器

- 名称：开孔器
- 型号：包括φ25mm、φ38mm、φ50mm等几种
- 用途：能在铜、铁、不锈钢、有机玻璃、木头等各种板材的平面、曲面上钻圆孔、方孔、三角孔等，用于开通线盒、插座孔，现场开书桌线孔、背板插座孔等
- 使用：将其安装在手电钻上使用

图6-4：开孔器可以用于开各种类型的孔洞，刀刃多为硬质合金。

- 名称：水平尺
- 特点：造价低、重量轻、抗弯曲、不易变形等
- 用途：用于长、短距离的测量，长度为1000mm的刻度水平尺还可用于地柜或吊柜安装，柜体水平调整，拉篮、抽屉等五金配件安装时的水平调节
- 使用：直接将其放置在被检测构造的表面，观察显示数据或气泡位置

图6-5：水平尺形状细长，通常由金属或塑料制成，有两个用于测量的标尺，标尺上有水平气泡管或倾斜计。

图6-5　水平尺

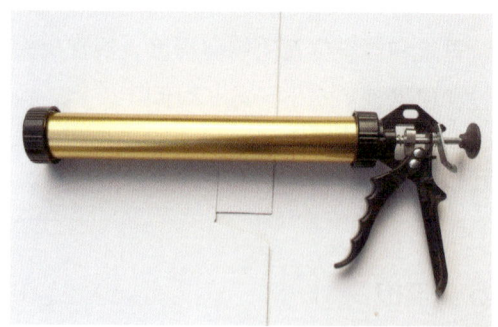

- 名称：胶枪
- 特点：操作简单
- 用途：用于现场的台面板靠墙一侧、收口、顶底板同墙体之间的密封
- 使用：用大拇指压住后端扣环，往后拉钢轴，使胶嘴部分露出，再将整支胶塞进去，使用时挤压即可

图6-6：外观呈枪状，通常由金属或塑料制成，具有一定的重量和质感。小巧轻便，方便携带。

图6-6　胶枪

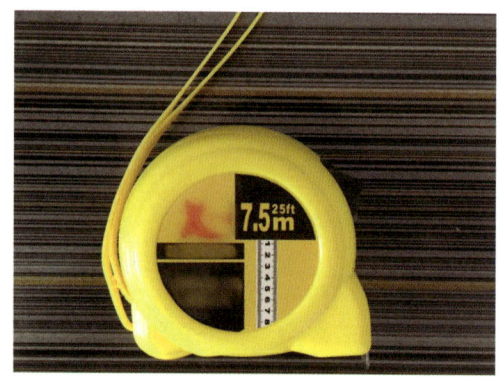

- 名称：卷尺
- 规格：长度有3.5m、5m、7.5m、10m等几种，使用频率较高的是标准为5mm刻度、尺长为7.5m的卷尺
- 用途：用于测量家具板件或进行家具定位
- 使用：可单人操作或双人共同操作，注意切勿用手触摸卷尺的尺条边缘部分

图6-7：卷尺的外观简洁大方，线条流畅，整体呈圆形，卷尺上有一个按钮，用于控制伸缩。

图6-7　卷尺

破损，并确保已经做好防触电的措施。这样，才能安全、放心地使用胶枪（图6-6）。

6.1.6　卷尺

卷尺可分为纤维卷尺、皮尺、钢卷尺等类别。其中钢卷尺的构成部分包括外壳、尺条、制动、尺钩、提带、尺簧等。外壳多采用ABS塑料制造，耐磨性佳、抗摔性强且不易变形。尺条则一般选用一级带钢制成，其上的刻度标识清晰易读。制动有上、侧、底三个维度的制动功能，可以实现手动的精确控制。尺钩为铆钉尺钩结构，可以保证测量的精准度。提带是橡胶或尼龙，手感良好且结实耐用。尺簧由碳钢制成，韧性较好（图6-7）。

6.1.7 直角尺

直角尺是工程和测量领域中频繁使用的一种专业测量工具。它的种类繁多，可以根据材质的不同，分为铸铁直角尺、镁铝直角尺以及花岗石直角尺等。其中镁铝直角尺以其质轻和出色的耐用性而备受青睐，它抗压性能强，不易发生变形。在使用直角尺时，需要注意保持直角尺的工作面以及被检测物工作面的清洁，这不仅可以提高测量的精度，也可以有效延长直角尺的使用寿命（图6-8）。

6.1.8 橡胶锤

橡胶锤用于对定制家具产品中的缝隙进行细致的敲击。橡胶锤独特的微回弹力，使其在敲击过程中，不会在家具表面留下任何痕迹，不会造成家具表面凹凸不平。在使用橡胶锤之前，要检查锤头与锤柄的连接是否牢固，查看锤头表面是否有毛刺或裂纹。使用橡胶锤时，应保证其表面干净，无任何异物（图6-9）。

6.1.9 螺丝刀与内六角扳手

1. 螺丝刀

螺丝刀是利用轮轴来拧转螺丝钉，轮轴直径越大越省力，根据头部结构的不同，有一字、十字、米字、梅花型、六角型、方头等多种，安装不同类型的螺丝时，只需将螺丝批头换掉即可（图6-10）。

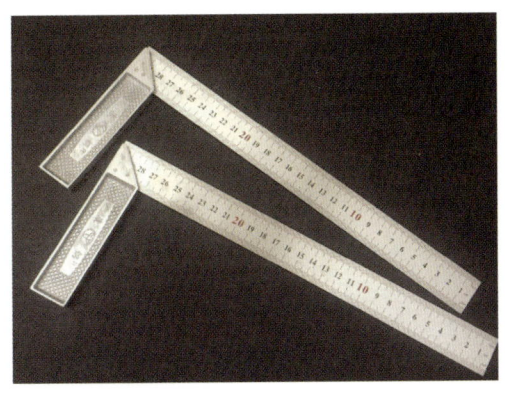

- 名称：直角尺
- 规格：主要有750mm×40mm、1000mm×50mm、1200mm×50mm、1500mm×60mm、2000mm×80mm、2500mm×80mm、3000mm×100mm、3500mm×100mm、4000mm×100mm等几种
- 用途：用于检测工件的垂直度及工件相对位置的垂直度
- 使用：直接将其放置在被检测构造边缘，观察数据

图6-8：直角尺两端呈直角状，这是它最显著的外观特点。直角尺的颜色一般为银色，表面经过磨砂处理，防滑性较好。

图6-8 直角尺

- 名称：橡胶锤
- 特点：携带方便、操作简单、价格实惠
- 用途：用于闭合安装家具时产生的缝隙，也可用于安装固定隔板托、收口板，修整板面高差等
- 使用：敲击存在缝隙的板件、构造

图6-9：橡胶锤由一个手柄和一个圆形头部组成，手柄和头部都是由高品质的橡胶材料制成。

图6-9 橡胶锤

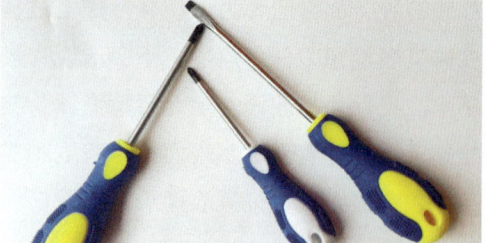

图6-10 螺丝刀

- 名称：螺丝刀
- 用途：用于拧转螺丝钉，以及调节抽屉拉篮的导轨、门板拉手、铰链等构件
- 使用：手紧握把手，按照正确的方向拧转即可

图6-10：通常由手柄和刀头两部分组成。手柄是螺丝刀的握持部分，通常由硬质塑料、橡胶或金属制成。刀头是螺丝刀的作业部分，通常由硬质金属制成，如钢或钨钢。

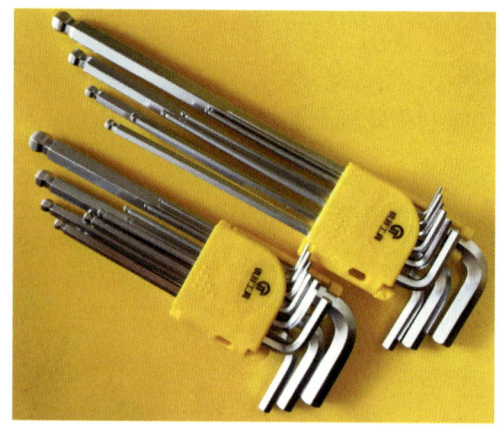

图6-11 内六角扳手

- 名称：内六角扳手
- 规格：外直径主要规格有1.5mm、2mm、2.5mm、3mm、4mm、5mm、6mm、8mm、10mm、12mm、14mm、17mm、19mm、22mm、27mm等
- 用途：用于拧固特殊螺丝
- 使用：圆头适用于快速拆卸，方头适用于拧紧加固

图6-11：内六角扳手整体呈长条形，两端呈尖锥状，便于插入螺丝槽口。

2. 内六角扳手

内六角扳手主要是通过扭矩对螺丝施加作用力，从而降低使用者的用力强度，该工具质量较轻，使用简单，且制作成本较低，扳手两端均可使用，施力均匀，不会轻易损坏螺丝（图6-11）。

6.2 定制家具安装流程

定制家具安装流程如图6-12所示。

6.2.1 安装准备工作

在正式安装前，应做好以下准备：

（1）确保预装时没有任何问题，熟悉设计安装图纸，确定好预约上门安装时间，提前沟通好安装细节。

（2）保证安装区域的整洁，检查安装工具，复核家具尺寸，确定设计没有额外更改的部分，做好防护措施。

图6-12 定制家具安装流程

图6-12：定制家具安装重点在于确定安装固定点，确保安装的家具、构件结实牢固，保持造型横平竖直。

6.2.2 物流包装检查

正式安装之前，应当仔细检查家具外包装，确认包裹没有任何破损的地方，并根据订单仔细核对家具的零部件，确保家具零部件没有遗漏（图6-13）。

6.2.3 操作区域清洁

在进行家具安装之前，为保证家具柜体的稳定性，需对安装部位的地面和墙面进行细致清理。同时，现场也应规划出专门的工作区域供施工人员安装使用，并保持该区域的清洁（图6-14）。以下是具体的安装注意事项：

（1）检查板件尺寸、色泽是否有问题。

（2）地面铺设地面保护膜，将板件平铺在地面上（图6-15）。

（3）处理好柜体与基层交界处的缝隙，选用合适的材料填充缝隙。

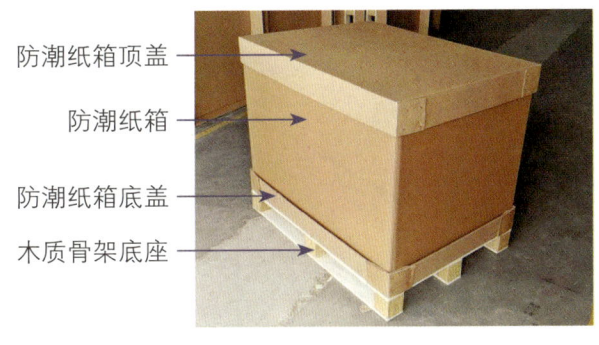

（a）家具包裹外观　　（b）核实材料清单

图6-13 物流包装检查

图6-14 基层清理

图6-15 铺设地面保护膜

图6-14：清扫安装家具时可能会接触到的基层表面，卫生死角处也要仔细清扫，这样才能保护墙面的完整性。

图6-15：为了防止在安装家具的过程中过度磨损地面，可在地面铺设地面保护膜，可由内往外平整铺设。

6.2.4 根据图纸放样

在执行家具安装任务之前,施工人员需要对柜体的设计图纸有深入的理解。这些图纸中详细记录了柜体的规格、安装位置等信息,为施工提供了关键的参考。在施工人员确认图纸中的尺寸信息无误后,便可以开始在预定的位置进行标记(图6-16~图6-18)。

6.2.5 确定固定点并安放底板

由于柜子有固定与灵活两种类型,根据设计需求,如果柜子不能随意移动,施工人员会根据设计图纸进行精准画线,并在墙面做好标记,以便确定柜子的固定点,对照图纸进行精确定位,以确保柜子的安装正确无误。在收到货物后,要根据功能区的不同,将板材细致地分类摆放,以便进行后续的安装工作。

各个柜体的固定点确定之后,在安装柜体底板之前,应将地面基层清扫干净,以确保底板的平稳放置和固定。安放底板后,使用膨胀螺钉将底板与地面牢固地固定在一起,以确保柜子的稳定和安全。

6.2.6 组装并固定框架

1. 组装

具体流程及注意事项如下:

(1)在开始组装之前,需要对所有部件进行详细的检查,确认是否有遗漏部件(图6-19),再根据设计结构图纸,有条不紊地进行各部件的组装。

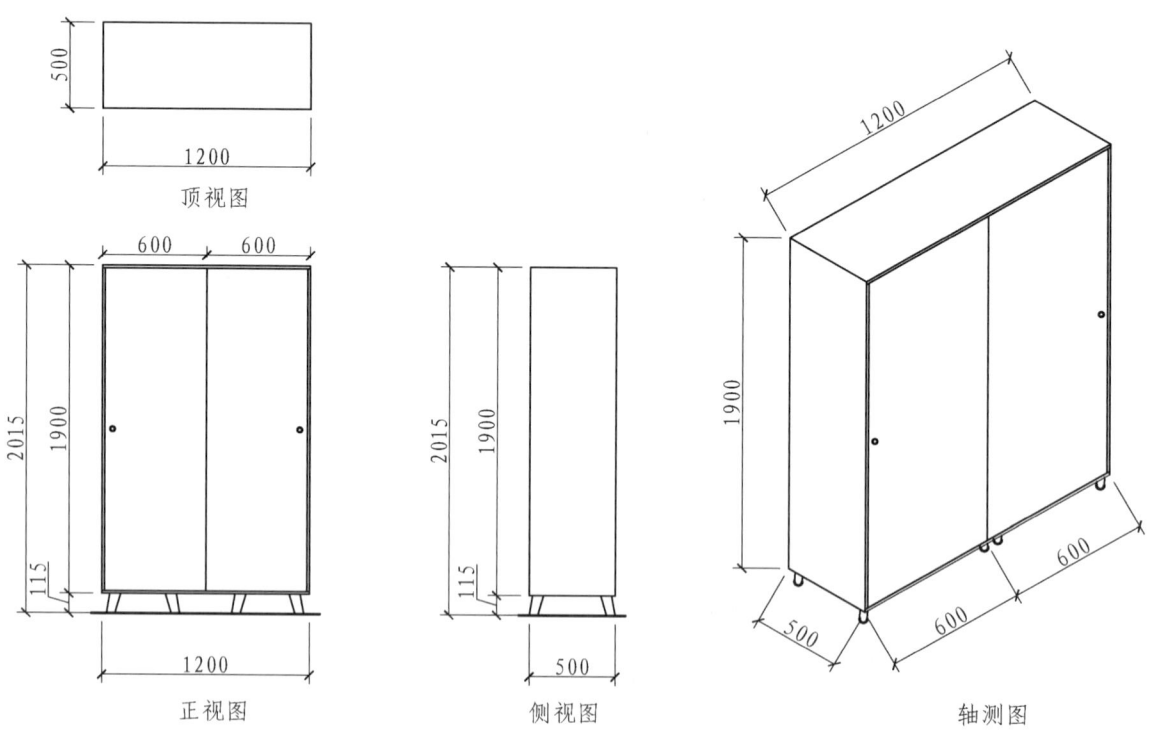

图6-16 柜体设计图纸

图6-16:柜体设计图纸主要包括三视图与轴测图,这是打造完美家具的重要基础。图纸中需要详细标注尺寸,便于安装时核对。

第 6 章
定制家具安装方法

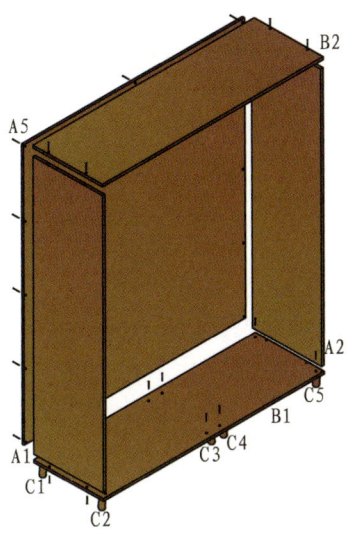
（a）组装柜体

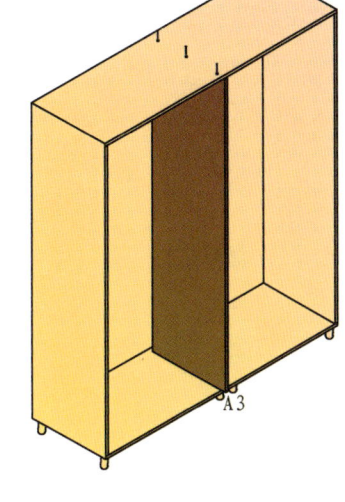
（b）安装竖向隔板

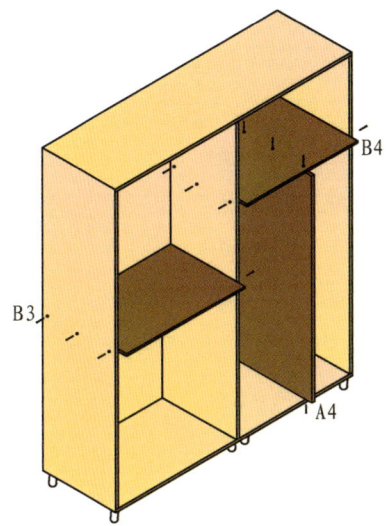
（c）安装横向隔板

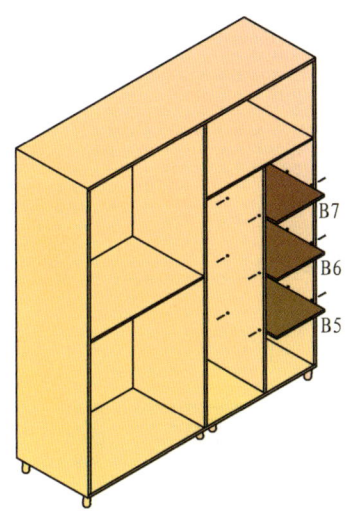
（d）安装其他隔板

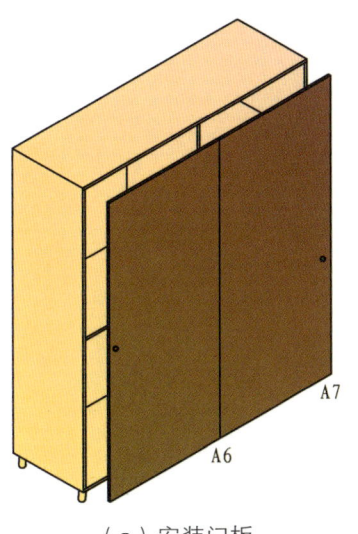
（e）安装门板

图6-17：柜体的安装步骤主要包括组装柜体、安装竖向隔板、安装横向隔板、安装其他隔板、安装门板等。在安装过程中，需要确保每个环节的质量，以保证柜体的坚固、美观和实用。

图6-17 柜体安装步骤示意图

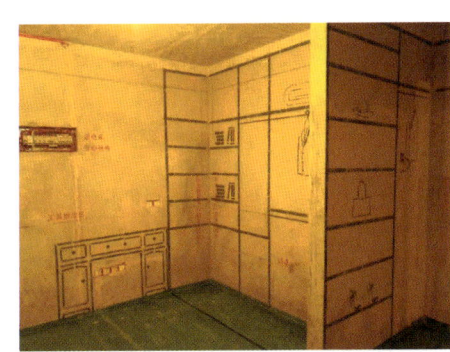
图6-18 图纸放样

图6-19 柜体部件检查

图6-18：在墙面、地面画线后，还应将其用有色胶带粘贴起来，等安装完毕后再将露在外部的胶带揭开，被家具压在墙内侧的无需揭开。

图6-19：每一块板料上都贴有安装位置示意图，采用3M胶粘贴，方便安装完毕后揭开。

（2）安装柜体。在安装柜体时，需要再次测量并核实室内空间的尺寸，确保柜体能够完全安装到位。如果发现地面有高度不平或者墙体存在缝隙等问题，需要及时调整柜体尺寸，以保证柜体在安装完成后仍具有稳定的结构。

2. 固定框架

在完成框架组装后，还需使用卷尺进行精确的复核测量，以确保柜体框架能够正常使用。在确认柜体的层高、纵深、宽度等数据无误后，便可按照设计图纸的要求，将框架稳固地固定在墙体上。在背板安装过程中，务必保证其稳固性，因为这将直接影响到后期使用效果（图6-20）。

6.2.7 安装层板与顶板

1. 层板安装

在进行层板安装之前，需要先用铅笔在每层板的中心线处做好标记，在标记处钉上钉子，将层板固定在预埋螺母的位置上，然后使用螺丝刀将层板固定住，确保其稳固可靠。在安装层板时，需要特别注意处理好层板与背板、侧板之间的固定位置。这些部件的准确位置对于整个结构的稳定性和使用效果至关重要。在安置侧板时，一定要确保其平整，不能出现凸出的情况。如果发现侧板有凸出现象，需要立即进行调整，以免对使用效果造成影响（图6-21）。

> **— 补充要点 —**
>
> **家具安装细节**
>
> 在家具安装的过程当中，务必对各个部件的封边处理进行细致的检查，确保没有任何缝隙遗漏，从而保证柜体能够与墙面无缝贴合，呈现出完美的整体效果。此外，还需认真观察天花板角线的接驳部位，验证其是否平滑顺畅，对称性和形状是否发生变化。进一步地，还要留意天花板角线表面的整洁度、美观度，以及与柜体接缝处的紧密程度，确保没有歪斜、错位等现象出现。

图6-20 衣柜框架固定

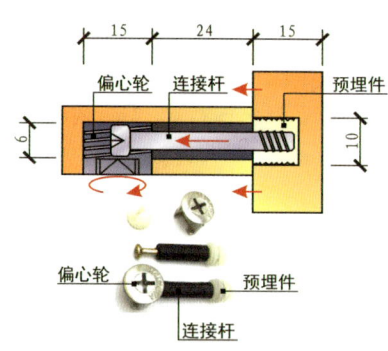

（a）三合一连接件安装原理

（b）层板安装

图6-21 层板安装

图6-20：框架固定完毕后，当柜体与墙体之间的缝隙大于5mm时，可以采用聚氨酯发泡胶填充，缝隙大于5mm时可用薄胶合板或中密度板填塞，但是不能用木屑或纸箱板填塞，木屑压强过大会破坏家具板材。纸箱板容易受潮腐烂。

图6-21（a）：三合一连接件的安装原理主要为通过螺旋挤压的方式让两个家具构造紧密连接。

图6-21（b）：横、纵向的层板可利用三合一连接件连接在一起，在安装前要预留好三合一连接件的安装孔洞。

2. 顶板安装

在安装顶板时需要借助一些辅助工具，因为顶板的位置较高，所以在开始安装之前，务必要提前准备一把供攀爬的梯子。在安装过程中，顶板与侧板以及框架的接缝处需要紧密地结合在一起。首先，应平稳地将顶板放置在侧板上，接着使用三合一连接件将其牢固地固定住。安装完毕后，为确保顶板与侧板之间的贴合度，可使用橡胶锤或其他相应工具进行微调。

6.2.8 安装门轨与抽屉导轨

1. 门轨安装

门轨安装时需注意以下事项：

（1）保证上部轨道盒尺寸为高100mm，宽80mm。

（2）先固定上轨道，再在上轨道与地面处做好对应3点的记号。

（3）用激光水平仪找出上下轨道对应的点。

（4）确保上下两条轨道完全平行。

（5）轨道固定不用超级紧，松紧度合适即可。

2. 抽屉导轨安装

抽屉滑轨安装需注意以下事项：

（1）核实滑轨尺寸，确保其与抽屉尺寸相符。

（2）先安装滑道中的外轨与中轨，再将内轨安装在抽屉侧板上。

（3）进行抽拉试验。

6.2.9 安装抽屉、衣通、柜门

1. 抽屉安装

在执行抽屉安装步骤时，首要的任务是精准确定螺丝孔洞的位置，并进行标记。紧接着，利用螺丝将内轨稳固在抽屉柜体上，并借助对应的螺丝刀拧紧螺丝（图6-22）。

2. 衣通安装

安装衣通需首先从顶部搁板边缘向下移动50mm，绘制横切线，然后在侧板中央处绘制竖切线。横、竖切线的交汇点即为衣通上方第一个安装孔的精确位置。在预留位置上安装固定螺丝，并组装衣通，确保衣通两侧保持平衡（图6-23）。

3. 柜门安装

柜门安装的步骤应遵循"先松后紧"的原则。具体操作包括：根据设计图纸进行钻孔，确保上下孔洞在同一水平线上；检查铰链，保证其正常运作；将铰链置于预设位置，并做好螺钉位置的标记；最后，将柜门安装到柜体上，完成柜门安装（图6-24）。

图6-22 抽屉安装

图6-22：精确校正抽屉滑轨的水平度。

图6-23 衣通安装

图6-23：衣通顶部间隙净空应不低于50mm。

图6-24 柜门安装

图6-24：铰链安装应当保持平直，不能完全寄希望于用螺丝调节偏移位置。

图6-25 拉手安装

图6-26 移门安装

图6-25：拉手安装应保持水平对齐，除非柜门有特殊造型，安装螺孔与柜门边缘应当保持35mm的距离。

图6-26：移门下滑轨为固定轨道，外凸结构很浅，或选择无下轨的五金件，避免使用时造成阻碍。

6.2.10 安装拉手与移门

1. 拉手安装

在执行拉手安装步骤之前，首先使用卷尺对安装孔距进行测量，并在柜体上确定拉手的安装位置，同时做好相关记号。需要注意的是，拉手应保持在同一水平线上，并且螺丝要紧固（图6-25）。

2. 移门安装

对于移门安装，首先要确保门扇与门导轨的贴合，具体操作步骤为先将门扇上部插入上滑轨，再将下部插入下滑轨。这样可以保证移门安装完成后能够顺利拉动，且在拉动过程中不会出现停滞感（图6-26）。

6.2.11 调整改良与验收

定制家具安装完成后，还需进行整体的检查，主要检查以下事项：

（1）检查连接处是否有缝隙。
（2）检查柜体五金件是否有松动现象。
（3）检查家具整体是否有倾斜现象。
（4）检查家具表面是否有残余垃圾。
（5）检查家具各部件是否已安装完成。

6.3 清查构件

6.3.1 检查板材是否有破损

在提取定制家具产品之前，应仔细查验外包装是否有破损。开箱后还需对内部的板材进行详细的检查，确保其没有划痕或碰撞的痕迹。此外，还需确认板材的颜色是否统一。在安装之前，应在地面上铺设保护膜，以防在安装过程中对板材造成刮伤。

6.3.2 检查五金配件质量

五金配件与定制家具产品的品质紧密相连，优质的五金配件不仅能充分发挥定制家具产品的价值，还能极大地增强其耐用性。

1. 拉手

目前的五金拉手采用全新的制造工艺，既美观又实用,款式和颜色繁多,常见的颜色有古铜、白古、古银、喷粉、银白、闪银、烤黑、镀金、镀铬、拉丝、珍珠镍、珍珠银等。可以从拉手的包装、外观、色泽、质地等多个方面来评估其质量。

(1)看包装。包装袋内是否有残渣;包装用料、大小、标签是否合适;进行试摔试验,检查包装箱的保护作用是否有效。

(2)看表面。表面是否有电镀起泡、砂孔、刮伤、碰伤、毛刺等问题。

(3)看色泽。是否有色差。

(4)看质地。是否均匀、细腻,符合国家标准(图6-27、图6-28)。

2. 厨房五金配件

厨房五金配件主要包括铰链、滑轨、压力装置、地脚、拉篮、抽屉导轨、吊码、封条、吊柜挂件等,清查时首先看外观,其次是检查配件质量,最后是检查配件数量(图6-29~图6-31)。

图6-27 拉手安装

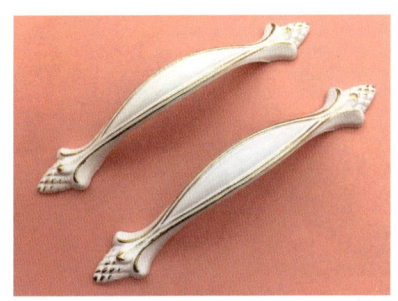

图6-28 一套拉手对比

图6-27:打开拉手包装箱,将拉手排成一排,放置于有铺垫的地面上,看拉手外表面形状是否正常,是否有划伤或磨损。

图6-28:取出一套拉手,将其放置于光线充足的区域,看其表面是否有瑕疵或色差。

图6-29 地脚

图6-30 吊码

图6-31 拉篮

图6-29:地脚能支撑柜体平衡,通常金属地脚的质量高于塑料地脚,且使用年限更长,并能有效防潮。

图6-30:吊码安装在吊柜中,主要起调节高低的作用,优质吊码色泽均匀,触感光滑,没有毛边。

图6-31:拉篮能合理利用空间,建议选用表面光滑、手感舒适、无毛刺、配件齐全、主杆粗度不低于$\phi 8mm$的拉篮。

6.4 成品五金件安装

五金件是连接定制家具产品的主要构件,保证其能正常使用,这里主要介绍成品五金件如门锁、铰链、挂件等的安装。

6.4.1 成品门锁安装

门锁安装的效果会直接影响门的使用,不同类型的门在门锁安装步骤上也有细微的不同,门锁安装完毕后还需做必要的检测试验。门锁安装后的检查事项包括以下几方面:

(1)转动外、内执手,观察是否能将斜舌顺畅地收回、伸出。

(2)转动后面板旋钮,观察方舌是否能顺畅收回。

(3)插入钥匙来回旋转,观察方舌是否能顺畅伸出、收回。

(4)反复进行开关,检查是否有阻塞、关不上等问题(图6-32)。

(a)钻侧孔

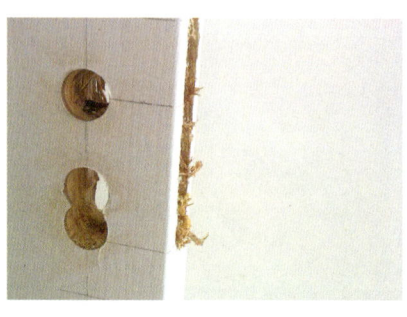
(b)钻孔

(c)安装锁扣板

(d)安装合页

(e)安装锁具

图6-32 门锁安装步骤

图6-32(a):确定开门方向,以正确安装锁具,在门板侧面钻孔。

图6-32(b):位置确定即可定位、钻孔,使用手电钻在合适的位置钻凿锁体安装孔位。

图6-32(c):安装锁扣板,对正孔位后用螺丝刀紧固螺钉。

图6-32(d):紧固各装配螺钉,并调整好合页的位置。

图6-32(e):将锁体逐一装入孔位,对正后紧固螺钉,安装连动方杆,并将外面板部件执手方孔对准连动方杆孔,固定外面板部件。

图6-33 测量铰链间距

图6-34 铰链调试

图6-33：正式固定前应当用直尺测量铰链的安装位置是否平直，如果孔洞位置不精准，可以用凿子拓宽孔洞。

图6-34：在正式安装前，可以采用铰链测试器对铰链进行测试，选择符合推拉力度和使用环境的铰链。

6.4.2 柜门铰链安装

在安装柜门铰链之前，需要准备一套专用的工具，如水平尺、卷尺、铅笔、开孔器、手电钻等。并且，需要对这些工具进行仔细的检查，确保它们都能正常运作，以便安装过程能够顺利进行。

柜门可以在上、下、左、右、前、后六个方向进行调节。这样的设计保证了所有的横向门扇能够在上下方向上保持精确的对齐，同时，左右两侧的间距也需要适中且均衡。在安装完成后，还需要进行一次细致的调试，以确保柜门铰链的性能达到最佳状态（图6-33、图6-34）。

铰链安装方法如下：

（1）用铅笔画线定位。

（2）使用电钻钻孔，孔边距门板边缘5mm。

（3）用手电钻在门板上钻ϕ35mm的铰杯安装孔，钻孔深度为12mm。

（4）将铰链装入铰杯安装孔中，并用自攻螺丝固定。

（5）打开铰链，套入侧板，用自攻螺钉固定底座。

（6）柜门开合试验，检验铰链安装效果。

- 补充要点 -

铰链安装注意事项

在安装铰链的过程中，首先要明确铰链的安置位置和数量，这两个因素都需要根据门扇的厚度和重量来决定。在进行安装的时候，要避免门扇下坠，确保同一扇面上所有铰链的轴线能保持在同一铅垂线上。另外，选择适合规格的铰链也是非常重要的，能确保门扇平稳、顺畅地开合。在固定铰链的过程中，所使用的螺丝必须与铰链完全匹配，保证铰链的稳定性和安全性。

6.4.3 常用挂件安装

挂件是一种灵活、小巧且便于使用的五金件，它使人可以方便地整理生活用品，广泛应用于各种场景。现实中经常使用的太空铝挂件，因其轻便、抗腐蚀、不留水痕等特性而受到欢迎（图6-35）。

挂件安装方法如下：

（1）准备施工工具。

（2）确定挂件位置，并做记号。

（3）使用电锤钻孔。

（4）在墙面钉入螺钉或膨胀螺栓。

（5）使用螺丝钉固定住承挂条。

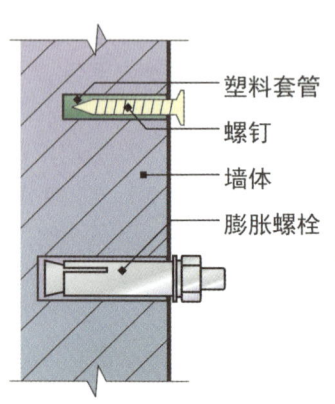

（a）膨胀螺钉与膨胀螺栓固定示意图　　（b）挂件安装完成　　图6-35　挂件安装

图6-35（a）：挂件安装钻孔是通过洞口内壁挤压产生阻力，从而使螺钉或膨胀螺栓紧固在墙体中，注意如果受力超过20kg，则应使螺钉穿透家具板材；如果受力超过40kg，则应选用膨胀螺栓将其固定至墙体中。

图6-35（b）：挂件品种很多，大多数挂件与定制家具或家具构造并不关联，但是从定制家具的功能与服务品质上全局把握，施工员有义务给全屋安装相关的配套挂件。

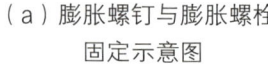

家具验收细节

在验收家具外观时，首先，应该仔细观察家具的纹理走向是否相近或一致，家具表面的覆膜是否均匀；家具表面是否坚硬饱满、平滑光润、色泽一致，无磕碰、划痕、气泡等缺陷。其次，检查家具的转角部位，需要特别注意其是否垂直平整。再次，家具的五金件也是不可忽视的部分，需要检查其是否有破损、生锈、刮伤、色差等缺陷，以确保家具的使用寿命和品质。最后，仔细观察螺丝是否拧紧，这是保证家具结构牢固和稳定的重要环节。

6.5　成功验收与交付使用

定制家具在安装完成后要仔细验收，包括板件色号检查、整体平整度检查和牢固性检查等。

6.5.1　板件色号检查

定制家具的最大特点是私人订制，自由度极高。为了确保室内环境的协调统一，选择的板材色彩不宜过于丰富，单个纯色家具的不同部件色彩应保持一致。在收到家具后，务必详尽检查家具门板是否与最初选定的色号无异；材质是否与原先挑选的相同；表面有无破损，门板整体颜色是否统一等（图6-36）。

6.5.2　整体平整度检查

1. 门板

认真核验门扇的封边色彩是否与预订时一致，封

图6-36　板材色板　　　　　　图6-37　门板封边检查　　　　图6-38　橱柜台面检查

图6-36：可对照色板，检查定制家具产品各板件色号是否一致，如有不同，应及时更换或调整。

图6-37：金属与木质板材之间应当采用螺钉与免钉胶配合连接，不能完全依赖胶水。

图6-38：台面接缝处采用砂纸打磨后无明显痕迹，台面边缘应当打磨为圆角，圆角半径约2mm。

边是否完好无损。同时，要留意门扇安装的水平度，要求整齐划一，表面平滑，无气泡等瑕疵（图6-37）。

2. 橱柜台面

橱柜台面的品质好坏直接影响到橱柜的使用寿命。台面应平整光滑，不能有凹凸不平的现象。台面连接处应使用云石胶粘接，粘接痕迹不能过于明显。采用2000#砂纸加水进行打磨处理。石材台面应无裂痕，收口处应圆润，与水盆和灶台相关的尺寸也应设定得当（图6-38）。

6.5.3　牢固性检查

牢固性检查要点如下：

（1）检查柜体与墙面、顶棚等交界处的交界线是否顺直、清晰、美观。检查柜门与边框缝隙是否均匀一致。

（2）观察安装好的拉手是否工整对称，抽屉抽拉时是否会左右晃动等。观察铰链安装螺丝帽是否有倾斜。观察板材之间的连接是否牢固，板材之间的交界处线条是否清晰、无弯曲。摇晃柜体，查看其是否会晃动。

6.6　书柜安装实例解析

下面以书柜安装为例，讲解定制家具的安装方法。

6.6.1 准备材料与工具

认清板材与各种配件，确认柜体各部件、各配件是否有缺失，如有缺失应立即补齐，确认之后再将柜体各部件整齐摆放在一起，可将其平铺在有铺垫物的地面上（图6-39～图6-42）。

6.6.2 抽屉组装

抽屉主要由面板、左帮板、右帮板、底板、尾板等板件组成，安装时应注意对准孔位。

1. 抽屉面板与左、右帮板安装

抽屉面板表面有两个孔位和一条线槽，抽屉左、右帮板一端多有一个孔位，另一端有两个孔位，板材下方还有一条线槽。通常需要利用偏心轮、偏心杆来连接抽屉面板与左、右帮板，偏心轮和偏心杆配套使用，偏心轮的缺口要对准偏心杆的头，旋转偏心轮便可卡紧偏心杆（图6-43～图6-45）。

固定好偏心杆后，便可继续安装抽屉左帮板，应将侧边一孔位对准偏心杆插入，注意抽屉左帮板要与抽屉面板的线槽对齐，确定已对齐后，再将偏心轮缺口对准偏心杆塞入，并使用螺丝刀，将抽屉左帮板与抽屉面板固定在一起，抽屉右帮板的安装方法与左帮板一致（图6-46～图6-48）。

2. 抽屉底板安装

抽屉底板为薄板，安装时应将抽屉底板沿着抽

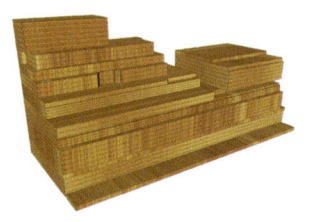
图6-39 板材

图6-40 偏心轮与偏心杆

图6-41 门转轴

图6-42 隔板销

图6-39：打开板材包装后，清点材料数量，发现有破损或残缺要及时通知厂家处理。

图6-40：偏心轮与偏心杆是板式家具最常用的连接构件。

图6-41：转轴在运作过程中既要承受弯矩的作用，同时也要承受扭矩的影响。

图6-42：隔板销常被用于固定横向隔板和竖向侧板之间的连接。

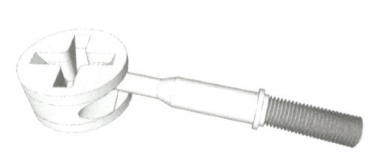
图6-43 偏心头对准偏心杆

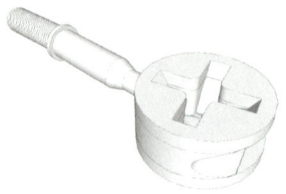
图6-44 旋转偏心头

图6-45 偏心杆固定完成

图6-43：将偏心杆对准位置，插入偏心头侧面孔洞中。

图6-44：用螺丝刀旋转偏心头，使偏心头能带动偏心杆，并对偏心杆施加牵扯力，这是偏心头与偏心杆固定的基本原理。

图6-45：偏心杆安装固定在板件上，保持与板件垂直且紧固。

图6-46 侧边孔位对准偏心杆

图6-47 使用螺丝刀固定偏心头

图6-48 抽屉左、右帮板安装完成

图6-46：将竖向板材的侧边孔位对准偏心杆，插入至偏心杆中。

图6-47：用螺丝刀旋转偏心头，直至带动偏心杆固定。

图6-48：通过此方法将两侧板材固定至底部板材上。

图6-49 抽屉底板安装

图6-50 抽屉尾板安装
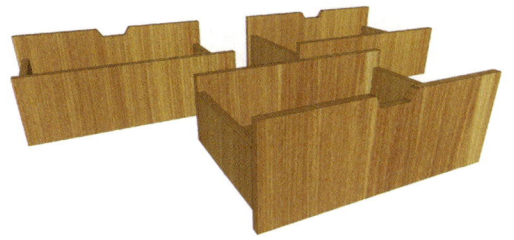
图6-51 剩余抽屉安装完成

图6-49：将抽屉底板插入三块围合板材的凹槽中固定。

图6-50：在抽屉尾部安装最后一块围合板材，形成完整的抽屉结构。

图6-51：将剩余抽屉全部安装完成，放置在平整处备用。

屉左帮板、右帮板、抽屉面板之间的线槽缓慢插入，注意控制好安装力度（图6-49）。

3. 抽屉尾板安装

抽屉尾板左右两边各有两个孔位，孔位下方为线槽，安装时应将抽屉尾板的孔位与抽屉左、右帮板的孔位对齐，线槽则需对准抽屉底板插入，然后使用M4×40mm的自攻螺丝，用螺丝刀将抽屉尾板与抽屉其他板件固定在一起，剩余的抽屉同样采取这样的安装方法（图6-50、图6-51）。

6.6.3 安装顶板、立板、上层板

书柜顶板正面均匀分布着四个孔位，两端各有两个孔位；立板1与立板2均是两端各有两个孔位，且立板1比立板2长；上层板正面有六个孔位，两端各有两个孔位。顶板、立板、上层板的安装要遵循一定的施工顺序（图6-52）。

6.6.4 安装上右立板、拉板、上左立板

上右立板正面有一些孔位，板材底部有两个孔位；拉板两端各有两个孔位，一侧不封边，一侧封边；上左立板正面有一些孔位，板材底部有两个孔位。上右立板、拉板、上左立板、下右立板、底板、下中右立板的安装要遵循一定的施工顺序（图6-53）。

（a）对齐立板1与顶板孔位

（b）固定立板1与顶板

（c）两块立板1与顶板固定

（d）对齐上层板与立板1孔位

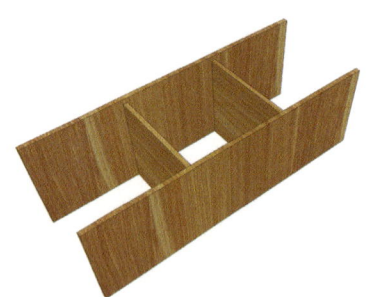
（e）上层板固定完成

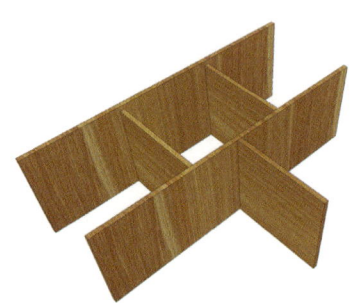
（f）固定立板2与上层板

（g）固定立板2与另一块上层板

（h）新的立板1安装完成

（i）剩下另一块立板1安装完成

图6-52 安装顶板、立板、上层板

图6-52（a）：将立板1的一端孔位与顶板正面的孔位对齐。

图6-52（b）：使用M4×40mm自攻螺丝，将其固定住。

图6-52（c）：采用相同的方法将另一块立板1与顶板固定在一起。

图6-52（d）：将上层板的孔位与中立板1的孔位对齐。

图6-52（e）：使用M4×40mm自攻螺丝，将其固定住。

图6-52（f）：将立板2一端的孔位与中上层板的孔位对齐，使用M4×40mm自攻螺丝，将其固定住。

图6-52（g）：将另一块上层板的孔位与中立板2的另一端孔位对齐，使用M4×40mm自攻螺丝，将其固定住。

图6-52（h）：将新的立板1一端孔位与中上层板的孔位对齐，使用M4×40mm自攻螺丝，将其固定住。

图6-52（i）：采用相同的方法安装剩下的另一块立板1。

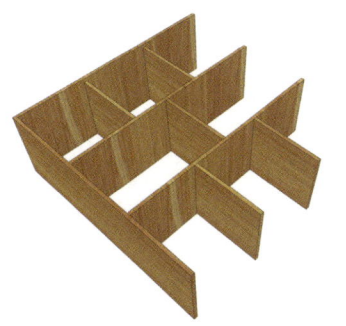

（a）边缘孔位与右立板孔位对齐　　（b）上右立板固定

图6-53（a）：将上右立板的孔位与顶板、上层板的孔位对齐。

图6-53（b）：使用M4×40自攻螺丝，将其固定住。

图6-53（c）：将拉板一端孔位与上右立板的孔位对齐，不封边的一侧朝下安装，使用M4×40自攻螺丝，将拉板与上右立板固定在一起。

（c）拉板固定　　（d）上左立板固定

图6-53（d）：将上左立板的孔位与顶板、上层板、拉板的孔位对齐，使用M4×40自攻螺丝固定。

图6-53 安装上右立板、拉板、上左立板

6.6.5 安装下右立板、底板、下中右立板

下右立板正面有一些孔位，板材顶部有两个孔位，且下右立板比下左立板孔位少；底板正面有五个孔位，两端各有两个孔位；下中右立板上面有两个孔位，两端各有两个孔位，且下中右立板比下中左立板孔位少。下右立板、底板、下中右立板、小层板的安装要遵循一定的施工顺序（图6-54）。

（a）下右立板与新的拉板固定　　（b）底板与下右立板固定　　（c）固定下中右立板

图6-54 安装下右立板、拉板、底板、下中右立板

图6-54（a）：将新的拉板一端孔位与下右立板的孔位对齐，侧边封边朝下安装，使用M4×40自攻螺丝，将新拉板与下右立板固定在一起。

图6-54（b）：将底板孔距较短的一端孔位与下右立板的孔位对齐，此处孔位与拉板在同一侧，使用M4×40自攻螺丝，将底板与下右立板固定在一起。

图6-54（c）：将下中右立板一端的孔位与底板的孔位对齐，并使用M4×40自攻螺丝固定。

6.6.6 安装小层板、下中左立板、抽屉下层板

小层板两端各有两个孔位；下中左立板正面有一些孔位，其中板材边缘的三个孔位不通，两端各有两个孔位；抽屉下层板两端各有两个孔位。小层板、下中左立板、抽屉下层板的安装要遵循一定的施工顺序（图6-55）。

6.6.7 安装下左立板、下层板、立板3

下左立板正面有一些孔位，其中板材边缘的三个孔位不同，板材顶部有两个孔位，且下左立板比下右立板孔位多；下层板正面有一些孔位，上下的大孔不通，两端各有两个孔位；立板3底部、顶部各有两个孔位。下左立板、下层板、立板3的安装要遵循一定的施工顺序（图6-56）。

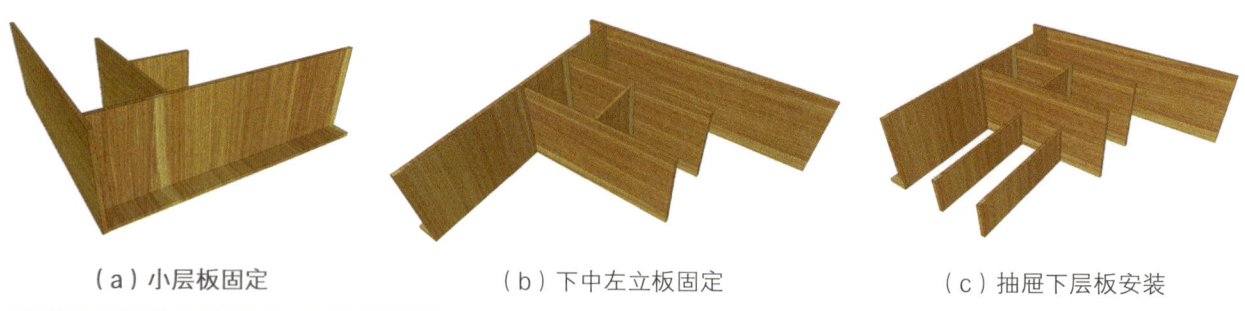

(a) 小层板固定　　　(b) 下中左立板固定　　　(c) 抽屉下层板安装

图6-55　安装小层板、下中左立板、抽屉下层板

图6-55（a）：将小层板一端孔位与下中右立板的孔位对齐，使用M4×40自攻螺丝，将小层板与下中右立板固定在一起。

图6-55（b）：将下中左立板一端的孔位与底板、小层板的孔位对齐，下中左立板孔距较短一侧的孔位与拉板在同一侧，不通的孔位朝左，并使用M4×40自攻螺丝固定。

图6-55（c）：将抽屉下层板孔距较长的一侧朝下，这一端孔位与下中左立板的孔位对齐，并使用M4×40自攻螺丝固定，采用相同的方法安装另一块抽屉下层板。

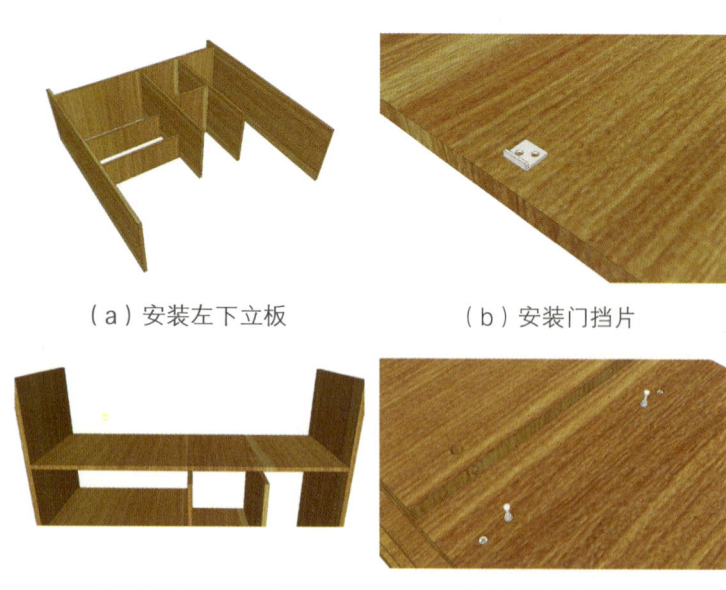

(a) 安装左下立板　　　(b) 安装门挡片

(c) 对齐下层板　　　(d) 固定下层板

图6-56（a）：将下左立板的孔位与拉板、底板、抽屉下层板的孔位对齐，并使用M4×40自攻螺丝固定。

图6-56（b）：将门挡片的孔位与下层板的孔位对齐，使用自攻螺丝固定。

图6-56（c）：将门挡片朝下，使下层板孔位与下左立板、下中左立板、下中右立板、下右立板的孔位对齐，并使用M4×40自攻螺丝，固定下层板。

图6-56（d）：将偏心杆固定在下层板上，将立板3底部孔位对准偏心杆插入，并使用偏心轮固定。

图6-56　安装下左立板、下层板、立板3

6.6.8 安装中层板

中层板正面有一些孔位,侧边边缘的四个大孔位不通;中层板的安装要遵循一定的施工顺序(图6-57)。

6.6.9 安装柜门与背板

柜门与背板安装相对简单,安装时要注意检查调配,保持柜门与背板安装平整严密(图6-58、图6-59)。

6.6.10 安装完成

将抽屉放入已安装好的书柜中,并将隔板销塞入下左立板、下中左立板的孔位中,至此书柜安装完成(图6-60)。

(a)中层板孔位对齐　　(b)孔位对准偏心杆　　(c)使用偏心轮固定　　(d)使用自攻螺丝固定

图6-57　安装中层板

图6-57(a):将中层板的孔位与下左立板、下右立板、立板3的孔位对齐,并使用M4×40mm自攻螺丝固定。

图6-57(b):将上左立板、上右立板、立板1底部的孔位对准中层板孔位。

图6-57(c):插入偏心杆,将偏心杆固定在中层板上。

图6-57(d):使用M4×40mm自攻螺丝固定。

(a)塞入隔板销　　(b)置入门转轴　　(c)对准下层板孔位　　(d)固定门转轴　　(e)调整柜门

图6-58　安装柜门

图6-58(a):柜门的边缘上方和顶部各设有一个孔位,将隔板销精准地插入柜门顶部的孔位中。

图6-58(b):将门转轴顺利地置入底板边缘的孔位。

图6-58(c):柜门隔板销需要与下层板的孔位精确对齐,然后轻轻插入。

图6-58(d):利用自攻螺丝将其牢固固定。

图6-58(e):柜门安装完毕后调整柜门的平整度与精密度,保持开关闭合顺畅。

（a）右背板对齐

（b）左、右背板固定

图6-59 安装背板

图6-59（a）：右背板相较于左背板要宽一些。这两块背板都是由薄板制成，且并未设置孔位。因此，在安装过程中，首先要将右背板紧贴边缘放置在下右立板、下中右立板、下层板和底板之上。

图6-59（b）：用锤子将直钉钉入，将右背板稳定地固定在这些板材上，左背板的安装方法相同。

（a）置入抽屉

（b）隔板销塞入

（c）整体检查调整

图6-60 安装完成

图6-60（a）：将前期安装完成的抽屉置入柜体中摆放平整。

图6-60（b）：将隔板销塞入下左立板、下中左立板的孔位中。

图6-60（c）：书柜安装完成之后可摇晃柜体，检查柜体的牢固性，可根据个人喜好放置合适的摆件或书籍。

6.6.11 磕碰处理要点

在安装家具的过程中，一旦发生破损或是出现划痕，都应及时进行修复。当家具安装完毕后，若发现部分螺丝裸露在外，影响了家具的整体美观，可运用装饰帽来遮掩。如果家具表面出现了烫痕，可以将碘酒轻轻地涂抹在烫痕上，或者涂抹一些凡士林，经过2~3天的等待，再用柔软的布料轻轻擦拭，烫痕便会逐渐变得模糊。

- 补充要点 -

家具包装注意细节

为了确保家具在运输过程中的安全，同时降低运输成本，包装后的家具所占空间应尽可能地紧凑。在包装家具时，需要充分考虑家具的重量，单件包装的重量不宜超过50kg。鉴于各类家具的形状和类型各异，因此在包装设计上应着重保障安全性和环保性。

对于玻璃以及易碎的家具部件，除了采用纸箱包装外，还应在纸箱外部加装木质框架或板材包装箱，以确保玻璃不会在运输过程中破碎。对于家具部件中含有饰面板的，应尽可能将尺寸相同的板件放置在一个包装内，并使用厚实的软片垫层进行整体包装，以增强包装的防护性能。通过对家具包装的精心设计和细致实施，我们能够确保家具在运输过程中的完好无损，从而为消费者提供满意的产品体验。

6.7 衣柜安装实例解析

下面将以衣柜为例讲解定制家具的安装方法。

6.7.1 准备材料与工具

正式安装衣柜前应当做好安装区域地面的清洁，准备好安装工具、安装图纸、五金配件等，并仔细清点板件数量，可将安装所需要的工具、配件等逐一摆放在地面上，检查是否有遗漏。

6.7.2 螺丝安装

在执行螺丝安装任务之前，务必确保螺丝的安装位置与设计图纸所示的目标位置一致。应在板材上做出显著标记，同时预先留出钉孔，以便后续的精准操作。在所有板材的孔洞处都拧上螺丝后，下一步是将主体板材按照家具展开的形状，平整地铺设在安装区域，并等待进一步的安装工序（图6-61）。

6.7.3 层板安装

衣柜层板具体安装需要清洁安装区域地面，将不用的锤子、钉子等工具配件放置在一旁（图6-62）。

6.7.4 背板安装

背板能够稳固衣柜架构。背板安装形式有插接和钉接两种：

（1）插接。工艺简单，柜体组装时将背板同步插入即可。

（2）钉接。采用长15mm的钉子，将背板从家具背后钉入主体板材中即可。应提前做好记号，测量应精准，位置要严格对齐。

此外，还可以选择使用射钉枪来提高施工效率，虽然这种方法速度较快，但精度相对较低，容易导致偏差，钉子可能会刮伤衣柜内的衣物，因此

（a）螺丝预埋　　　　　　　（b）安装偏心件　　　　　　　（c）拧紧螺丝

图6-61　螺丝安装

图6-61（a）：螺丝预埋在提高连接稳定性、提高组装效率、增强美观度，以及方便日后的维修和更换等方面具有重要作用。

图6-61（b）：安装偏心件，可以提高螺丝的连接性能和稳定性。

图6-61（c）：为了提高效率，可以采用电动螺丝刀拧紧螺丝。

（a）预埋螺丝　　　　　　　（b）拧紧螺丝　　　　　　　（c）检查

图6-62　层板安装

图6-62（a）：预埋螺丝，对齐层板孔位。

图6-62（b）：使用螺丝刀拧紧螺丝，侧板与层板应垂直。

图6-62（c）：用相同方法安装其他层板与侧板，并检查安装的牢固性。

一般不推荐使用（图6-63）。

6.7.5　衣通安装

衣通主要用途在于悬挂衣架。根据制作材料的不同，可将衣通分为不锈钢衣通、塑料衣通、实木衣通、铝合金衣通、钛合金衣通、太空铝衣通等几种；根据外部形态的不同又可将其分为圆形衣通、椭圆形衣通、方形衣通等几种。安装前要清除柜内侧板灰尘，确定衣通安装孔位，并做好记号（图6-64）。

6.7.6　柜体安装完成

柜体安装完成后，可左右摇晃衣柜，检查衣柜是否会变形，连接处是否都已完全连接等，注意重点检查是否存在没紧固的螺丝（图6-65）。

第6章
定制家具安装方法

（a）背板安装准备

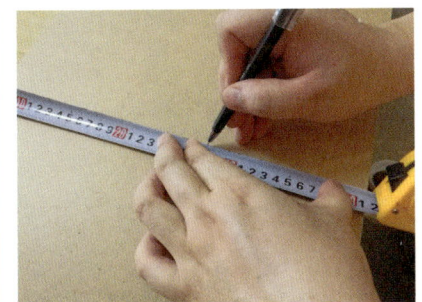
（b）标记号

（c）打钉子

图6-63 背板安装

图6-63（a）：在进行背板安装之前，务必准备好铅笔、锤子和卷尺，以便于精准测量和做标记。

图6-63（b）：根据板材规格与安装造型，在板材上划线定位，标出记号。

图6-63（c）：安装过程需要遵循从左到右的顺序，确保每个步骤都井然有序。如果选择钉接方式来安装背板，务必掌握好锤击力度，钉子应按照预先标记的位置，以从上至下、从左至右的顺序进行固定。

（a）拧紧螺丝

（b）安装另一边

（c）安装完成

图6-64 衣通安装

图6-64（a）：对准钉孔，拧入螺丝，衣通扣件需垂直居中。

图6-64（b）：钉好衣通扣件，安装衣通直杆，用相同方法安装另一端衣通扣件，螺丝无需拧紧。

图6-64（c）：将衣通直杆的另一端先放入扣件中，再拧紧螺丝，检查安装的牢固程度。

（a）柜体表面检查

（b）触摸柜体

图6-65 柜体安装完成

图6-65（a）：观察柜体表面是否有明显划痕，由于柜体外表面为饰面板，板材一旦有划痕，就会影响衣柜的寿命与整体美观性。

图6-65（b）：用手触摸柜体连接的垂直处，细心感受两块板件连接处是否存在空隙或错位的情况，如有以上情况，应及时修整。

6.7.7 增加垫片

垫片可以增强衣柜的稳定性，主要用于解决地面水平高差问题，通常柜体安装时应向墙面倾斜，这样能够获取更多的支撑力，衣柜也能更稳固。垫片通常安装于柜体底部（图6-66）。

6.7.8 铰链安装

铰链是连接衣柜框架与门板的重要连接件，安装柜门铰链前要先确定柜门铰链安装的最小边距。安装铰链时则要先确定柜门铰链的类型，通常铰链类型有半盖、全盖、内掩等几种（图6-67）。

6.7.9 拉手安装

在完成衣柜上铰链的安装后，我们需要对其进行检查，以确保其可以正常运作。若无异常，我们才能进行下一步，即安装拉手。拉手的安装过程较为简单，需要先确定钉孔的位置。特别需要注意的

（a）工具准备

（b）垫片裁剪

（c）垫片安装

图6-66　增加垫片

图6-66（a）：在正式施工前应准备好剪刀、锤子、垫片，注意垫片的规格要与板材相符。

图6-66（b）：将垫片居中剪开，垫片一边为凸起，一边为平面，多余部分留作备用。

图6-66（c）：将垫片薄片一端插入衣柜底部，用锤子将其轻轻敲击进去即可，注意凸起的部分应刚好卡住衣柜底端。

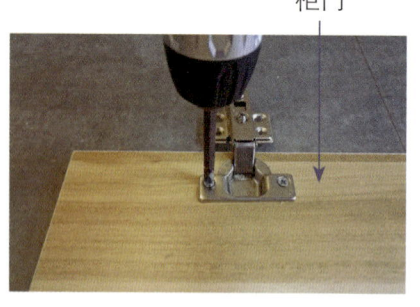
（a）铰杯安装

（b）安装铰臂

图6-67　铰链安装

图6-67（a）：在柜门门板上确定铰链的安装位置，放入铰杯，并固定。对齐螺丝孔，并使用螺丝刀固定，使用相同的方法安装所有的铰杯。

图6-67（b）：将安装好的铰杯所连接的铰臂放置到柜体相应的位置，对齐螺丝孔位，安装铰臂。检查安装是否牢固。

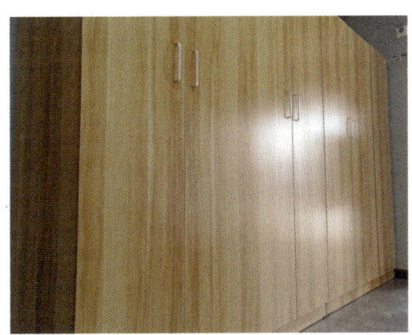

(a)固定拉手　　(b)安装拉手后进行检查

图6-68　拉手安装

图6-68(a)：将柜门打开，一边固定拉手，一边手持电动螺丝刀，螺丝需分两次紧固，第一次旋转进三分之一，确定拉手孔位对准后将螺丝再次紧固。

图6-68(b)：安装完毕的所有拉手应在横向上处于同一水平线，且两两对应的拉手之间的间距与高度也应当保持一致。

是，单个拉手的上、下两端纵向上应保持在同一铅垂线上。此外，在紧固螺丝时，必须控制好力度，以防因过度用力而导致板材出现崩裂或裂纹等情况（图6-68）。

6.7.10　安装后检查

衣柜安装完成后还需再次检查衣柜所有的构件是否已经完全紧固，衣柜柜门开、关是否费力，是否有嘈杂声等，一旦发现问题，应当及时做调整，以保证衣柜能够正常使用。衣柜安装后的检查内容如下：

（1）对照图纸检查。检查安装是否与图纸细节相符，查看衣柜安装结构是否正确。

（2）查看衣柜外观。查看漆膜是否滑润、光亮，是否有流坠、皱纹等缺点；查看封边处理是否严密平直，有无脱胶现象。

（3）查看柜体。检查安装连接是否牢固，切割部分是否平滑；检查柜体离墙面距离是否合适。

（4）查看衣柜结构。检查衣柜结构是否结实，衣柜垂直度、翘曲度是否正常。

（5）检查衣柜隔板。检查隔板安装是否牢固，安装螺丝是否有遗漏。

（6）检查衣柜门板。检查门板铰链是否安装到位，拉手是否有歪斜现象等。

> **本章小结**
>
> 在定制家具安装过程中，需要考虑众多因素。为了确保安装的质量和效果，需要认真规划、细心操作，严格按照安装流程进行。在安装前，需要对房间的尺寸进行测量，确定家具的大小和布局。在选择材料时，需要选择合适的材料和颜色。在安装过程中，需要使用专业的安装工具和技术，按照专业的安装步骤，确保家具的稳定性和安全性。总结起来，定制家具安装需要认真规划和细心操作，严格按照安装流程进行。在选择材料和工具时，需要考虑家具的用途和房间的装修风格，确保家具的质量和效果。同时，需要注意家具的细节和装饰，提高家具的美观度和耐用性，让家具更加实用和美观。

课后练习

1. 简述手电钻与冲击钻的区别。
2. 定制家具的安装流程是什么?
3. 家具安装有哪些注意事项?为什么?
4. 根据本章所学,课后查阅相关知识,绘制一张柜体的设计图纸。
5. 根据本章所学,课后查阅相关知识,安装一个抽屉。
6. 课后阅读宋应星《天工开物》,谈谈书中蕴含了哪些安装方法。指出这本书对现代全屋家具定制的启发。

第7章 定制家具保养维修

学习目标：熟悉定制家具的保养与维修方法，了解保修维修工具的使用，能根据家具材质进行保养维修。
学习难度：★★★☆☆
重点概念：台面保养、构造保养、五金件保养、维修改造

◀ 章节导读

为了最大限度地发挥定制家具的耐用性，对其实施定期的维护和修缮是必不可少的。定制家具的台面、柜体结构和五金件等被高频使用，因此更容易出现磨损。在日常生活中，我们需要按时对这些部件进行养护，一旦发现有任何瑕疵，必须立刻展开修复，以免给后续使用带来困扰。对于那些重量级的柜体，若得不到及时的修复，严重时甚至可能对使用者的生命安全构成威胁（图7-1）。

图7-1：综合储物衣柜使用频率较高，无需制作柜门，选用亚光材质，定期擦拭保养。

图7-1 综合储物衣柜

7.1 台面保养

台面是与水渍、油渍、污渍等接触最多的地方，日常使用时一定要做好基础的维护与保养工作。

7.1.1 避免接触高温

过高的温度会对桌面造成一定程度的损伤，由于局部过热，桌面可能会出现膨胀不均、形状改变等问题。无论是何种材质的桌面，都应避免将过热的物体直接或长时间放置其上，而应在物体底部铺设隔热垫或采取其他隔热措施。通过这种方式，可以确保桌面的安全，并延长其使用寿命（图7-2、图7-3）。

图7-2 木质隔热垫

图7-3 毛织隔热垫

图7-2：木质隔热垫具有优良的隔热性能、抗磨损性能、易清洁性和美观大方的外观。

图7-3：毛织隔热垫采用优质的毛线编织而成，具有良好的隔热性能。

（a）PVC保护垫

（b）PVC保护垫应用

图7-4（a）：台面应保持干燥、整洁，以避免滋生细菌，可铺设2~3mm厚的透明PVC垫。

图7-4（b）：PVC保护垫能防止台面被划伤，可根据台面大小裁切PVC保护垫。

图7-4 在桌面上铺设PVC保护垫

7.1.2 避免被利器划伤

在日常使用过程中，应当尽量避免尖锐的物品，如刀具、剪刀等触及台面，以免产生划痕，影响台面的使用与美观效果（图7-4）。

7.1.3 台面划伤处理

当台面不小心被刀具划伤时，需要迅速用砂纸对其表面进行细致的磨光处理。对于追求亚光光洁度的台面，我们应该选择400#~600#的砂纸进行磨光，确保刀痕完全消失，然后再配合使用清洁剂和百洁布，让台面表面恢复到原来的状态。如果台面上因为各种原因而出现了较多的划痕，可以考虑采用液态抛光蜡配合百洁布进行处理。这种方式不仅可以使台面焕发出全新的视觉感受，同时也能有效地延长台面的使用寿命，让台面持久如新（图7-5、图7-6）。

图7-5 砂纸磨光

图7-6 台面抛光

图7-5：砂纸局部打磨力度不要太大，否则会在台面上磨出凹陷，容易藏污纳垢。

图7-6：打磨后要立即打蜡，用蜡来填补打磨产生的粗糙面。

7.1.4 避免化学侵蚀

在日常使用中，台面应尽量避免与强烈的化学物质直接接触，例如去油漆剂、金属清洗剂、炉灶清洗剂等。一旦不幸接触，请立即用大量肥皂水冲洗台面，以防延误最佳处理时间。同时，还要注意在日常清洁中避免使用含有化学成分的清洁剂擦拭台面。因为长时间的腐蚀会大大缩短其使用寿命。对于实木台面，当表面遭受侵蚀时，应首先选择碱性清洗剂进行表面清洗，然后用清水冲洗，最后使用柔软的抹布擦拭干净。这样的操作流程可以最大程度地保护实木台面，使其保持光泽并延长使用寿命（图7-7～图7-9）。

7.1.5 台面清洁保养

1. 日常使用保养

在日常生活中，应尽量避免在梳妆台面上放置饮料、化学物品以及过热的液体，每周进行一次全面的清洁保养，使用干净的抹布蘸取酒精进行擦拭。如果梳妆台面采用的是烤漆饰面，那么还可以考虑在梳妆台面上铺设一张PVC桌垫。这种材料具有良好的耐磨性、防滑性以及防水性，能够有效保护梳妆台面，防止在日常使用中因摩擦、碰撞而导致表面的磨损和刮伤。

2. 表面污渍清洁

具体清洁方式如下：

图7-7 肥皂水清洗

图7-8 白醋、苏打清洗

图7-9 实木家具被侵蚀

图7-7：清洗台面的肥皂可用香皂或普通肥皂，应当用大孔隙泡沫海绵配合擦拭台面。

图7-8：日常使用时，可以采用白醋与苏打配合的方式来清洗台面，这能有效去除强酸或强碱性污垢。

图7-9：如果实木家具表面已经出现破损或侵蚀痕迹，可选用同色系油漆进行补漆处理。

（1）较干净。用干的软毛巾擦拭灰尘即可。

（2）灰尘很难擦拭。用抹布蘸上清洁剂或中性肥皂加水稀释来擦拭灰尘。

（3）有顽固性污渍。用牙膏或稀释20%的清洁液对其进行清洁。

（4）喷漆台面有灰尘。用纱布包裹略湿的茶叶渣擦拭表面，或用干布蘸上适量的冷茶水清洗表面，清洗过后一定要用清水再次擦拭（图7-10、图7-11）。

7.1.6　橱柜台面清理

1. 不同材质橱柜台面清理方法

橱柜台面不同，清理方法也有所不同（表7-1）。

图7-10　用酒精喷洗台面

图7-11　用不干胶去除剂清洗台面

图7-10：梳妆台面多为人造板材质地，贴饰面或刷漆的表面清理起来比较方便，可以采用75%的酒精喷洒后，再用干软棉布擦拭污垢。

图7-11：特别难清除的污垢多为含有胶质成分的残留化妆品，可以选择向台面喷涂少量不干胶去除剂，这种方法的清除效果较好。

表7-1　不同橱柜台面的清理方法

橱柜台面	图例	清理方法
天然石台面		使用软百洁布擦拭，不可使用甲苯类清洁剂或酸性较强的清洁剂擦拭天然石台面，这会损伤台面的釉面层，从而导致台面光泽变得暗淡
人造石台面		使用软毛巾或软百洁布清洁，蘸取适量水或光亮剂擦拭台面即可，注意不应当使用硬质钢丝球擦拭人造石台面；日常使用后要及时擦拭，避免污渍残留，当台面出现裂缝时要及时修补，并定期进行抛光、打蜡处理
防火板台面		蘸取适量清水和清洗剂混合溶液，先用尼龙刷擦拭，再用湿热抹布擦拭，可多擦拭几次，待防火板台面洁净后，再用干抹布擦干

续表

橱柜台面	图例	清理方法
原木台面		先用鸡毛掸子掸除台面灰尘，再用干毛巾蘸取适量的原木保养专用乳液擦拭表面，注意不可使用湿抹布和油类清洁剂擦拭原木台面，这会导致台面湿度过大，从而出现起鼓现象
不锈钢台面		使用软毛巾或软百洁布清洁，可蘸取适量水或光亮剂擦拭台面，不应当使用硬质钢丝球擦拭不锈钢台面；要防止擦、碰，要避免碱性物质接触不锈钢台面，应当使用中性清洁剂清洗台面；若要让台面光洁度呈现出镜面效果，则可先用800#～1200#砂纸磨光，然后使用抛光蜡和羊毛抛光圈抛光，再用干净的棉布清洁台面，注意细小伤痕可用干抹布蘸食用油轻轻擦拭

注：橱柜台面表面有油污残留时，可先在油垢表面喷上适量的油污专用清洁剂，再在其表面加铺一层保鲜膜，使用吹风机对其加热2min，注意吹风机与保鲜膜的距离应保持约为100mm，最后再使用蘸有清洁剂的抹布擦拭台面即可。

（a）台面灰尘

（b）托盘海绵清洁刷

图7-12　橱柜台面清洁

图7-12（a）：台面灰尘会污染在台面放置的物品，会腐蚀台面材质。

图7-12（b）：台面灰尘可用布料较软的抹布擦拭，清洁台面时可先将清洁剂挤到海绵刷的摩擦面，既能清除台面污渍，又能处理台面划伤，但这种方法不适用于金属和不锈钢材质的台面。

2．橱柜台面保养要点

橱柜台面的具体保养要点如下：

（1）不可直接在台面上切菜，应借助砧板辅助操作。台面上有污渍时应及时擦拭干净，不可被水分长期浸泡。污水较多时应立即擦拭干净，或使用热毛巾擦拭（图7-12）。

（2）避免猛烈撞击洗菜盆或煤气灶等台面处，注意清洁灶台与台面连接处。

7.2 构造保养技巧

在使用柜类家具时,推拉柜门、抽屉的动作都应当尽可能轻柔,由于构造材质具有多样化特征,不同的材质又具有不同的使用性质,因而保养方法也会有所不同。

7.2.1 不同材质清理方法

1. 木质构造表面清理

木质结构的表面最好使用柔软的纯棉布进行清洁。首先,可以将纯棉布浸泡在温水中,让水分充分渗透,但不要完全拧干,然后用这种湿润的棉布擦拭木质结构的表面。如果需要深度清洁,可以用中性清洁剂与温水混合,用轻柔的手势擦拭木质结构的表面。清洁完毕后,再使用干燥的柔软纯棉布迅速擦干木质结构表面的水分(图7-13)。

2. 玻璃构造表面清理

玻璃结构能给人一种清晰透明、干净整洁的感觉,这种结构具有良好的透光性、防潮性、防火性和环保性,而且不会产生任何异味,也不会发生变形。在清洁玻璃结构时应使用清水,清洁完毕后要及时擦干,避免水分残留。切勿使用钢丝球等硬质物品擦洗玻璃结构表面,以免刮伤表面(图7-14)。

3. 金属构造表面清理

金属结构的表面清洁需要特别注意防止腐蚀,日常使用中应尽量避免金属结构的表面被划伤。不要使用硬质物品碰撞、摩擦金属门板表面,并且禁止用天拿水、环酮等化学剂作为清洁剂来清洁金属表面,以免损伤金属板面。在清洁金属结构时,应使用柔软的纯棉布,避免使用硬质物品,以免刮伤金属表面。同时,应选择中性的清洁剂,避免使用有腐蚀性的化学剂(图7-15)。

7.2.2 保养方法

下面将以移门为例,介绍具体的保养方法。
(1)应按时清洁移门表面,通常应半年做一次

图7-13 擦拭木质构造表面

图7-14 玻璃构造

图7-15 金属构造表面清洁

图7-13:木质构造表面清洁可使用软布顺着木质构造纹理去尘,去尘前应在软布上蘸点清洁剂,注意不可使用干抹布擦拭木质构造表面。

图7-14:玻璃构造美观性比较强,应选用软质工具来擦拭玻璃构造表面,日常清洁时则可用蘸有适量白醋的抹布来擦拭。

图7-15:柜门中的金属构件,如暗装拉手,应时刻保持清洁;金属构造表面应当使用清水配以半干抹布擦拭。

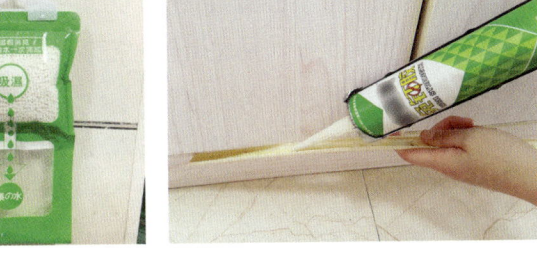

（a）除湿干燥剂　　（b）免钉胶粘贴收边条

图7-16（a）：衣柜使用时需注意，衣柜需定期打开门窗通风，可在衣柜门角落处放置小包干燥剂。

图7-16（b）：柜门底部的收边条可采用免钉胶修补粘贴，修补前应清除残胶。

图7-16　衣柜保养

彻底清洁。每周应用软布蘸清水或中性洗涤剂清洁移门表面。间隔半年滴适量的润滑油到移门滑轮上，以保持轨道顺畅。

（2）长期开合柜门，收边条会有脱胶现象，应当定期检查，并使用免钉胶粘贴收边条。当移门密封条发生脱落时要及时修补，可以用同色玻璃胶或502胶水粘贴。

（3）移门饰面污渍严重时，应选择专业清洁剂擦拭，不可使用砂纸、钢丝刷或其他摩擦物清洁移门。

（4）玻璃移门要注重保护玻璃表面，不可使用锐器敲打玻璃移门，注意做好日常清洁。木质移门要注重防潮，使用时要保持木移门干燥（图7-16）。

- 补充要点 -

橱柜门板保养

1. 要确保厨房空间的湿度适中，避免空气过于干燥，橱柜门板因此出现开裂。在日常使用橱柜过程中，要防止台面上的水滴落到门板上。如果门板长时间被水浸泡，可能会出现变形、开裂等问题。

2. 需要定期检查橱柜门板的合页、拉手等部件是否正常运作。在开合门板时，留意合页、拉手是否会松动或发出异响。一旦发现问题，应立即进行调整或维修，以确保橱柜的稳定性和耐用性。

3. 避免使用硬质清洁工具擦拭橱柜门板，以免划伤门板表面，降低其美观度，同时缩短使用寿命。

7.3　五金件保养要点

随着现代生活品质不断提升，五金配件逐渐成为衡量定制家具品质非常关键的因素，因而在日常使用中，需对五金件及时保养。

7.3.1 拉手保养

（1）每周应清洗1~2次。

（2）清洁普通拉手只需用干抹布擦干净即可。

（3）镀铬拉手不可放置于潮湿、阴凉处，这会让拉手生锈或使其保护层脱落。

（4）不锈钢拉手清洁时不可使用含有腐蚀性的清洁剂。

（5）拉手生锈不可使用磨砂纸打磨，应用棉丝或毛刷蘸机油涂在生锈处再反复擦拭。

（6）当镀铬拉手的镀铬膜出现黄色斑点时，可用中性机油擦拭（图7-17）。

7.3.2 抽屉导轨保养

在使用抽屉时，需轻柔地拉动，避免力度过大导致滑轨脱离。同时，要留意防止外力对抽屉的撞击，以免造成不必要的损伤。为了确保抽屉的顺畅使用，需要定期对抽屉滑轨进行清洁，并在滑轨表面涂抹适量的润滑剂。

在日常使用中，可以定期检查抽屉导轨上是否有细小的颗粒、灰尘等杂物，一旦发现需立即清除，以免在推拉抽屉的过程中磨损滑轨。在清洁抽屉导轨时，建议使用干燥柔软的布料轻轻擦拭，以防止划伤。切勿使用含有化学成分的清洁剂或酸性液体清洗，以免对滑轨造成不可逆的损害。若发现抽屉导轨表面有难以去除的黑点，可尝试使用煤油进行擦拭（图7-18）。

7.3.3 铰链保养

在日常使用铰链时，要做好基本的清洁工作，

（a）不锈钢拉手

（b）更换拉手螺丝

图7-17 拉手保养

图7-17（a）：不锈钢拉手具有极强的耐污、耐酸、耐腐蚀、耐磨损等性能，无放射性，如果出现轻微划痕，用水磨砂纸蘸上牙膏擦拭便可清除。

图7-17（b）：当发现拉手松动时，可采用螺丝刀对柜门内侧的螺丝进行紧固或更换新螺丝。

（a）抽屉导轨

（b）抽拉测试

图7-18 抽屉导轨保养

图7-18（a）：抽屉导轨内含有固态润滑油，在安装时不能处于有灰尘的环境中，否则容易沾染灰尘，导致滑轨阻塞。

图7-18（b）：抽屉导轨使用时间过长，难免会发出响声，为了保证滑轮持久顺畅、无噪声，可每隔2~3个月定期加润滑油保养，且在使用抽屉时，切忌生拉硬拽。

 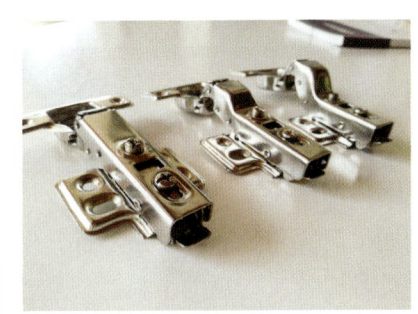

(a) 锈蚀的铰链　　　　　　(b) 待更换的铰链

图7-19　铰链保养

图7-19（a）：应避免铰链与盐、糖、酱油、醋等调味品接触，这些调料会导致铰链生锈，如不慎接触，应立即用干布擦拭干净。

图7-19（b）：更换铰链前要将新的铰链完全展开，释放弹性压力，再松解螺丝。

避免接触强酸、碱等腐蚀性液体，定期为铰链表面涂抹润滑剂，并定期检查铰链是否能正常运作。

铰链构件较小且位于柜内，容易被忽视。在使用过程中，如发现柜门松动或门未对准时，应立即使用工具拧紧或调整铰链。在开启柜门时，也应避免过度用力，否则可能会导致铰链上的电镀层受到猛烈冲击，进而出现损坏。此外，铰链应处于干燥的环境中，避免在潮湿的空气中使用。因为空气湿度过大，会导致铰链出现锈蚀现象，从而影响柜门的正常使用（图7-19）。

7.4　维修改造方法

7.4.1　柜体受潮处理

在空气湿度较大的环境中，柜体容易出现受潮的现象。一旦发现柜体受潮，首先要弄清楚受潮的原因，然后打开柜门，取出柜内物品，进行通风处理。

不同柜体受潮的原因各不相同。例如，如果衣柜紧靠着墙壁，那么可能是墙壁受潮造成的，此时需要对墙壁进行防水处理。如果橱柜内部设有管道，那么可能是因为管道出现漏水，或是厨房的通风条件不佳，导致厨房空气中的湿气过重，进而引发柜体受潮，这种情况就需要更换管道。另外，用湿布擦拭柜体后，如果没有及时将柜门关闭，也会让柜体产生潮湿。对于楼层较低的住宅，由于空气湿度较大，再加上清洁时渗入到柜体内的湿气，柜体在梅雨季节极有可能会出现发霉的情况。

为了确保柜体的正常使用，应当定期对柜体进行打蜡。这不仅能更有效地锁住实木柜体的水分，还能让柜体表面更加光亮，打蜡后的柜体表面也不易吸附灰尘，日后的清洁工作也会更加便捷。打蜡时不要选用含有硅树脂的上光剂，这种硅树脂不仅会软化、破坏涂层，还会堵塞木材的"毛孔"，会给柜体的修理带来困扰。每季度打一次蜡就足够了，过度打蜡也可能会损伤柜体饰面层（图7-20）。

- 补充要点 -

正确使用衣柜很重要

衣柜的收纳要保持在适当的范围内,避免过度储藏。在衣柜顶部堆放笨重物品可能会导致柜门无法完全闭合、板材发生扭曲等问题。尽管你的衣物丰富多样,但通过合理的分配和妥善储存,可以帮定制衣柜减轻负担。衣柜的柜体都设有其承重的上限,一旦超出了这个极限,将会极大地缩减衣柜的使用寿命。

7.4.2 柜内铰链加固

柜门使用时间过长,螺钉与板材之间便会产生较大间隙,从而导致铰链松动,可根据需要重新更换铰链或对原铰链进行加固,更换铰链与加固铰链的方法如出一辙。铰链的具体加固方法如图7-21、图7-22所示。

- 补充要点 -

更换柜门铰链

当铰链松动过于严重且无法通过加固重新使用时,建议更换新的铰链,新的柜门铰链要与原铰链的规格相符,应从下往上拆卸铰链。安装新铰链的方式比较简单,沿着原铰链的安装孔位固定即可。

 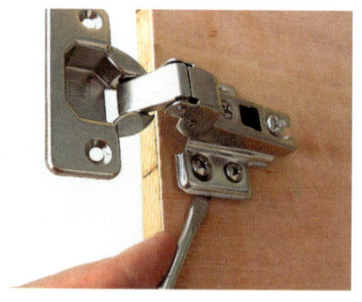 

图7-20 不同色泽的蜡条　　图7-21 检查并拆卸铰链　　图7-22 使用牙签填充螺钉孔

图7-20:当贴面家具与实木家具表面有刮痕时,可选用蜡条对其进行修补,蜡条的颜色比较丰富,可以根据柜体的色泽选择合适的蜡条。蜡会帮助柜体免遭各种侵袭,并隔绝一定的水汽,它可以有效隐藏刮痕,涂抹时要确保蜡已经覆盖了刮痕,没有涂在裸木上。

图7-21:安装前要检查新铰链是否能正常使用,开合是否有障碍,所配备的螺钉是否与铰链的孔位相配,螺钉旋入是否有障碍等。

图7-22:拆卸后在松动的空隙中插入牙签,再重新安装即可。

7.4.3 抽屉脱落维修

抽屉门板由内、外两层板材组合而成,内层板是抽屉盒状造型的组成部分,该构造十分结实牢靠;外层板则为抽屉的装饰板,通常多用螺钉或气排钉反向固定,连接内、外板材。抽屉脱落时的维修方法如图7-23所示。

7.4.4 表面刮伤修复

定制家具使用时间过长,不可避免地会出现一些刮伤和划痕,为了保证使用的美观性,应及时进行修补(图7-24~图7-26)。

下面以木质座椅为例讲解定制家具表面刮伤的修复方法(图7-27)。

(a)检查抽屉外部

(b)检查抽屉内部

(c)拆开抽屉外层板

(d)重新粘贴

(e)紧固螺钉

(f)全面检查

图7-23 抽屉脱落维修

图7-23(a):用力不当,脚踢或拖把撞击等都会导致外层板脱落。

图7-23(b):观察抽屉内侧内、外两层板材间是否有问题。

图7-23(c):拆开抽屉外层板,拔除气排钉,粘贴泡沫双面胶。

图7-23(d):将外层板粘贴至内层板表面,并闭合抽屉。

图7-23(e):采用2~4枚M4×25螺钉从内层板向外固定外层板。

图7-23(f):安装完成,检查抽屉横、纵方向的垂直度是否正确。

图7-24 边角破损处理

图7-25 表面划痕处理

图7-26 螺钉端头外凸处理

图7-24：衣柜边角很容易发生碰撞，当边角出现破损时，可采用与门板颜色相近的木粉，添加胶水混合，搅拌均匀后涂饰在破损处，待胶水干燥后再用砂纸磨光，直至边角区域表面变得光滑。

图7-25：对于柜门表面出现的肉眼可见的划痕，可以选择用柔软的布料蘸取少许熔化后的蜡液，并将其均匀涂抹在油漆表层的擦伤处，通过这样的方法可以很好地将划痕覆盖住。

图7-26：如果螺钉的端头出现外凸现象，则可以选择同色或近似色的装饰帽进行遮挡，采用免钉胶直接盖上粘贴即可。

（a）清除缺口污垢

（b）打磨平整

（c）制作锯末

（d）胶水黏合

（e）削切平整

（f）打磨平整

图7-27 定制家具表面刮伤修复

图7-27（a）：使用铲刀清除定制家具缺角以及凹坑周边的毛刺、结疤、污垢。

图7-27（b）：使用砂纸打磨刮伤部位，注意摩擦力度不可过大。

图7-27（c）：选用合适的木材，使用锉刀或其他合适的工具裁切锯末。

图7-27（d）：将锯末置于刮伤处，并滴入适量的502胶水，使锯末与刮伤处粘连，注意涂抹平整。

图7-27（e）：使用美工刀削切凸起的锯末，应缓慢谨慎进行。

图7-27（f）：用砂纸打磨已填补锯末的刮伤处。

图7-27（g）：调配颜料多选用聚酯漆搭配色粉，或选用丙烯颜料调配。

图7-27（h）：涂色厚度要控制好，并确认没有遗漏，待其自然风干可根据需要喷涂透明光泽漆。

（g）填补油漆色料　　　（h）待干后喷光泽漆　　　图7-27 定制家具表面刮伤修复（续）

7.4.5 新增储物隔板

当柜体储物空间不足时，为了更有效地利用空间，同时也为了更大幅度地提升定制家具的使用效率，可适当地增加储物隔板，通常应根据存放物品的尺寸来定制储物隔板。新增储物隔板的施工方法如图7-28所示。

（a）检查柜内状况　　　（b）准备板材　　　（c）测量尺寸

（d）划线定位　　　（e）切割板材　　　（f）打磨平整

图7-28 新增储物隔板

图7-28（a）：查看需要分类放置的物品数量与类别，并测量其基本尺寸。

图7-28（b）：清查备用板材，根据设计需要计算板材的实际用量。

图7-28（c）：使用卷尺测量储物隔板所需的尺寸，并在板材宽度方向的两端划线。

图7-28（d）：使用与板材颜色对比度较大的油性马克笔划线。

图7-28（e）：使用切割机切割板材。

图7-28（f）：选用0#砂纸打磨板材裁切面的边缘。

（g）准备承板五金件

（h）水平仪放线

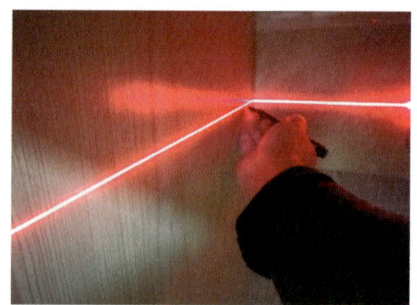
（i）标记钻孔位置

（j）钻孔

（k）固定承板五金件

（l）收边条涂免钉胶

（m）紧固待干

（n）安装完毕

图7-28　新增储物隔板（续）

图7-28（g）：配备承板五金件，并清查五金件的数量与质量。

图7-28（h）：选用激光水平仪在柜内找安装储物隔板的水平线。

图7-28（i）：用马克笔沿着柜内的水平线做记号。

图7-28（j）：用手电钻钻孔，孔直径为3mm，深度为10mm。

图7-28（k）：使用手电钻，用15mm螺钉固定承板五金件。

图7-28（l）：在封边条上挤上适量的免钉胶，并将其粘贴在储物隔板上。

图7-28（m）：封边条粘贴完毕后需保持紧固3小时。

图7-28（n）：将板材置入柜体内，检查上、下层板是否相互平行。

图7-29 使用补漆笔修补桌面　　　　图7-30 利用原子灰修复损伤　　　　图7-31 柜体严重损坏需重新更换面板

图7-29：找到颜色合适的补漆笔比较困难，尽量选用色彩接近的成品补漆笔，如果无法买到，也可以购买多支补漆笔进行调色后使用。

图7-30：原子灰能修补缺口、凹陷达1mm以上的破损部位，比上述锯末修补更细腻，但是购买后应在6个月内使用完毕，否则干燥后无法再次使用。

图7-31：如果出现破损十分严重的柜体或门板，应当联系厂家重新调出板料设计图加工定制，运送至现场替换安装。

此外，再优质的家具长期遭受撞击，其耐用性都会有所降低。在日常使用过程中，可考虑将家具落地的支撑构造换成砌筑材料或陶瓷材料，当家具出现问题时及时进行修补，并定期进行维护与保养，这样家具的使用寿命也能得到有效延长（图7-29~图7-31）。

本章小结

对于定制家具的保养与维修，不仅涉及家具的耐用性和美观性，还关系到环境空间的舒适度和安全性。只有做好保养与维修工作，才能保证家具的使用寿命，让环境始终保持舒适、安全和美观。因此，在选购定制家具时，消费者应充分了解厂家的售后服务政策，选择信誉良好的品牌，以保证自己的权益。同时，在日常生活中，也应掌握一定的保养与维修知识，定期对家具进行检查和保养，发现问题及时进行维修，以保证家具的正常使用。

课后练习

1. 简述台面保养要点。
2. 简述五金件保养要点。
3. 根据本章所学，简述怎样防止衣柜受潮。
4. 根据本章所学，课后查阅相关资料，简述皮质家具表面刮伤的修复方法。
5. 根据本章所学，课后查阅相关资料，为柜子新增一个储物隔板。
6. 《周礼》中就有"岁时常修"的记载，请谈谈维修与保养和中华传统文化的关系。

参考文献 REFERENCES

［1］艾玛·布洛姆菲尔德. 家居软装设计五要素：教你完美装饰自己的家［M］. 沈阳：辽宁科学技术出版社，2019.

［2］比尔·希尔顿. 图解木工家具：如何设计和制作理想的家具［M］. 北京：北京科学技术出版社，2018.

［3］叶翠仙，陈庆瀛，罗爱华. 家具设计：制图·结构与形式［M］. 北京：化学工业出版社，2017.

［4］曾东东. 家具生产技术［M］. 北京：中国林业出版社，2014.

［5］江功南. 家具制作图及其工艺文件［M］. 北京：中国轻工业出版社，2011.

［6］陈根. 家具设计看这本就够了［M］. 北京：化学工业出版社，2017.

［7］青木大讲堂. 定制家具设计教程［M］. 南京：江苏科学技术出版社，2018.

［8］郭琼，宋杰. 定制家居终端设计师手册［M］. 北京：化学工业出版社，2020.

［9］罗春丽，贾淑芳. 定制家具设计［M］. 北京：中国轻工业出版社，2020.

［10］霍泰安. 定制家具五金连接件使用手册［M］. 广州：华南理工大学出版社，2016.